思考致富

拿破仑·希尔 ◎ 著

黎夏 ◎ 译

沈阳出版发行集团
沈阳出版社

图书在版编目（CIP）数据

思考致富 /（美）拿破仑·希尔著；黎夏译 . -- 沈阳：沈阳出版社，2018.5
ISBN 978-7-5441-9255-2

Ⅰ.①思… Ⅱ.①拿…②黎… Ⅲ.①成功心理—通俗读物 Ⅳ.① B848.4-49

中国版本图书馆 CIP 数据核字 (2018) 第 089192 号

出版发行：	沈阳出版发行集团 | 沈阳出版社
	（地址：沈阳市沈河区南翰林路 10 号 邮编：110011）
网　　址：	http://www.sycbs.com
印　　刷：	北京市俊峰印刷厂
幅面尺寸：	145mm×210mm
印　　张：	8
字　　数：	166 千字
出版时间：	2018 年 6 月第 1 版
印刷时间：	2018 年 6 月第 1 次印刷
责任编辑：	海丽丽
封面设计：	MM末末美书
版式设计：	孙　蕊
责任校对：	邵彤彤
责任监印：	杨　旭
书　　号：	ISBN 978-7-5441-9255-2
定　　价：	36.00 元
联系电话：	024-62564916　024-24112447
E - mail：	sy24112447@163.com

本书若有印装质量问题，影响阅读，请与出版社联系调换。

出版前言

成功是有迹可循的。

美国著名的企业家安德鲁·卡内基先生曾是个一文不名的穷小子，他只身闯荡美国，最终缔造了传奇的财富神话，成为美国富可敌国的钢铁大王。更重要的是，除了自身的成功之外，卡内基先生还将至少二十位学习他成功秘诀的"学生"打造成了亿万富翁。

在卡内基先生暮年之际，拿破仑·希尔有幸成为了他的"学生"，卡内基将自己的成功秘诀倾囊相授，至此，研究成功的奥秘就成为了拿破仑·希尔的终生事业。而这本《思考致富》正是希尔先生倾尽一生研究那些全球瞩目的成功人士的致富奥秘之所得。他窥破了财富背后的秘密，洞悉了成功背后的法则，这部伟大的著作堪称是当代出版史上一个现象级的事件。八十年来，本书频频修订再版，一直畅销不衰，全球销售突破六千万册。它改变了无数人的人生，教会无数人如何增强自信，认识自我，从而激发出自己的想象力和创造力，改变命运，创造奇迹！

思想、理念以及精心的规划——致富的法则就在这里。《思考致富》一书记载了超过五百位白手起家的富翁们的经

历,它向人们展示了成功者究竟为何能成功,富有者究竟如何积累财富;它向人们揭露了,阻隔在你与财富之间的东西究竟是什么;它告诉了人们,应该"做什么"以及"怎么去做"。

《思考致富》是一本任何人都应该拥有的成功指导书,它所涵盖的理念能够帮助人们从根本上认识自己,改变自己,从而创造财富,走向成功。

许多我们耳熟能详的大人物,都印证了《思考致富》一书所提出的致富法则的正确。美国总统西奥多·罗斯福、"电话之父"亚历山大·贝尔、"石油大亨"洛克菲勒、"汽车大王"亨利·福特、"百货商店之父"沃纳梅克、发明家托马斯·爱迪生、斯坦福大学校长大卫·思达尔·乔丹、派克公司创始人乔治·派克、吉列公司创始人金·吉列、柯达公司创始人乔治·伊斯特曼、花旗银行总裁奥格登·阿莫、《致加西亚的信》作者阿尔伯特·哈伯德……

可见,致富之路看似玄妙,但实则却也是有法可循的。而本书正是旨在为广大读者提供一个可行之法,启发并引导读者通过思考走上致富之路,打开成功之门。

如果你想改变命运,如果你想跨越障碍,打开财富之门,那么,请翻开这本影响了亿万读者思维方式和生活方式的著作吧!下定决心,利用书中所阐述的思想和法则来改变自己,寻找到属于自己的致富之路!

序 PREFACE

　　五十多年前的一天,我站在一位精明可爱的苏格兰老人面前,当时他靠在椅子后背上,用愉快的目光认真地打量着我,看我能否领会他话语中的全部内涵。

　　当时我还是个孩子,而这位老人刚刚与我进行了一场有关他财富神话的谈话。老人看出我领会了他的意思,然后问我是否愿意用20年甚至更长的时间把这个秘诀传授给世人,让更多的人成功地度过一生。

　　我说:"我愿意。"

　　这位老人的名字叫卡内基。在他的帮助下,我一直信守着自己当年的承诺。

　　卡内基先生认为,即便是那些无暇研究如何致富的人,也应该了解这个蕴藏巨大财富的神奇秘方。他希望我通过各种人的实践,检验并证明这个秘诀的可靠性。他认为,所有的公立学校和大学都应该讲授这个秘诀。他表示,如果讲授得法,它将给整个教育制度带来一场革命,能使学校教育时间减少一半以上。

　　我在本书的每一章都提到了这个有关财富的秘诀。经过我多年的分析,我发现,这个秘诀已经接受了各行各业成千

上万人的实践检验,给数百人带来了惊人的财富。

在"信心就是一切"一章中,你会读到一个令人惊讶的故事:当年庞大的美国钢铁公司的创建构想和实施,竟然出自一个年轻人的构想,而他正是卡内基先生财富秘诀的实践者之一。这个秘诀的简单运用给查尔斯·施瓦布先生带来了巨大的财富和机会。粗略地计算,这个秘诀的应用创造了6亿美元的价值。

事实证明,卡内基先生的秘诀适用于任何准备接受它的人。而这些众所周知的事实会明确告诉你这本书对你来说意味着什么,前提是,你要知道自己想要的是什么。

按照卡内基先生的设想,这个财富秘诀已经传授给数千人,并且使他们获得了属于自己的财富。运用这个秘诀,有的人发了财,有的人成功地实现了和谐的家庭生活。一位牧师更是充分运用这个秘诀,获得了高达7.5万美元的年收入。

辛辛那提市的一位名叫阿瑟·那什的裁缝,曾用他几近破产的生意作为验证这个秘诀的"实验用白鼠",最后不但使生意起死回生,还为自己带来了大笔财富。今天,虽然那什先生早已不在人世,但他的财富事业依旧蒸蒸日上。这个实验非同寻常,报纸、杂志给予了它极高的赞誉,相当于为其做了价值超过百万美元的广告。

还有一位来自得克萨斯州达拉斯的斯图亚特·奥斯汀·威尔先生,他在得知了这个财富秘诀之后,做出了惊人之举——放弃原来的专业,改学法律。最后他成功了吗?你会在本书中读到他的故事。

我曾经在拉萨尔函授大学(LaSalle Extension

序

University）担任广告部经理，当时这所大学还名不见经传。尊敬的J.G.卓别林校长成功地将这个秘诀运用到了学校的管理当中，使拉萨尔函授大学成功跻身于美国优秀函授大学之列，我则有幸见证了这一过程。

我所说的财富秘诀在本书中反复出现达上百次，但至今我还未直接提及它的名称，因为只要你认真读了这本书，并且发自内心地在寻觅和等待这条财富秘诀，你就会发现得到它竟然如此轻而易举。正因为如此，当时卡内基先生不动声色地把这个秘诀传授给我，同样也没有说出它的具体名称。

如果你做好了接受这个秘诀的准备，那么在每一章你都会找到它。如果你想知道这个秘诀是什么，我并不介意直接告诉你，但这样会剥夺你用自己的方式去发现的乐趣。

如果你曾经丧失斗志，如果你有无法克服的思想障碍，如果你付出努力换来的却只有失败，如果你在忍受病痛的困扰，那么本书对卡内基秘诀的理解和运用，会让你在迷惘中看到属于自己的希望之光。

威尔逊总统告诉我，这个秘诀在第一次世界大战中曾被广泛应用。这个秘诀不但在他募集战争经费时发挥了强大的作用，而且被列为必要的训练内容，让每一个参战士兵在上前线前，都接受它的指导。

这个秘诀的特别之处在于，只要是那些掌握它并学会运用它的人，从此便一路走向成功。我在本书列举的每一个例子，都能验证这条真理。如果你对此表示怀疑，那么可以通过各种途径去调查那些我提到的成功人士，亲自查寻他们的记录，然后你就会心悦诚服。

当然,天上不会掉馅饼,世界上也绝没有免费的午餐!

这个秘诀无法通过馈赠得来,也非金钱所能买到,如果你不付出任何代价,那你也不可能得到我所说的财富秘诀。那些内心对秘诀表示怀疑的人,即使付出的代价再大,也不可能得到它。因为它包含两部分,那些发自内心准备接受它的人,已经在不知不觉间拥有了其中的一部分。换言之,这个秘诀只青睐那些做好准备接受它的人。

其实,在我出生前很久,这个秘诀已经为托马斯·爱迪生所用。虽然爱迪生只受过3个月的学校教育,但他巧妙地应用了这个秘诀,成为世界领先的发明家。可见,能否接受并运用这个财富秘诀,与受教育程度并无关系。

而爱迪生的事业伙伴埃德温·巴恩斯也得到了这个秘诀。当时他的年收入只有1.2万美元,但成功运用这个秘诀后,他挣得了大笔财富,并在壮年之际就功成身退,过上了自己想要的生活。本书第一章就讲述了他的故事。他会告诉你,财富并非遥不可及,你仍可以做想要的自我,只要你愿意,有决心,许多你想得到的你就都能得到。

那么,我是怎么知道这些的呢?读完本书之后,你就会知道答案。对你来说,答案可能在第一章,也可能在结尾,至于你如何找到它,答案就在你心中。

应卡内基先生的要求,我做了20年的研究,分析了数百位知名人士的成功经验。他们中的很多人都承认,在卡内基的秘诀的指导下,他们积累了巨大的财富。我把这喜人的名字列举如下:

亨利·福特(Henry Ford)

序

哈里斯·F. 威廉斯（Harris F. Williams）

小威廉·里格利（William Wrigley Jr）

弗兰克·冈萨拉斯博士（Dr. Frank Gunsaulus）

约翰·沃纳梅克（John Wanamaker）

丹尼尔·威拉德（Daniel Willard）

詹姆斯·J. 希尔（James J. Hill）

金·吉列（King Gillette）

乔治·S. 派克（George S. Parker）

拉尔夫·A. 威克斯（Ralph A. Weeks）

E.M. 斯塔特勒（E. M. Statler）

丹尼尔·T. 莱特法官（Judge Daniel T. Wright）

亨利·L. 多尔蒂（Henry L. Doherty）

约翰·D. 洛克菲勒（John D. Rockefeller）

赛勒斯·H.K. 柯蒂斯（Crush H. K. Curtis）

托马斯·A. 爱迪生（Thomas A. Edison）

乔治·伊斯特曼（George Eastman）

弗兰克·A. 范德利普（Franks A. Vanderlip）

查尔斯·M. 施瓦布（Charles M. Schwab）

F.W. 伍尔沃斯（F. W. Woolworth）

西奥多·罗斯福（Theodore Roosevelt）

罗伯特·A. 多拉尔上校（Robert A. Dollar）

约翰·W. 戴维斯（John W. Davis）

爱德华·A. 蒂琳（Edwards A. Tilene）

埃尔伯特·哈伯德（Elbert Hubbard）

阿瑟·纳什（Arthur Nash）

威尔伯·莱特（Wilbur Wright）

克拉伦斯·达罗（Clarence Darrow）

威廉·詹宁斯·布莱恩（William Jennings Bryan）

戴维·斯达·乔丹博士（Dr. David Starr Jordan）

威廉·霍华德·塔夫特（William Howard Taft）

斯图亚特·奥斯汀·威尔（Stuart Austin Wier）

J.奥杰恩·阿穆尔（J. Odgen Armour）

伍德罗·威尔逊（Woodrow Wilson）

朱利叶斯·罗森沃尔德（Julius Rosenwald）

阿瑟·布里斯班（Arthur Brisbane）

卢瑟·伯班克（Luther Burbank）

弗兰克博士（Dr. Frank Crane）

爱德华·W.博克（Edwards W. Bok）

弗兰克·A.芒西（Franks A. Munsey）

乔治·M.亚历山大（George M. Alexander）

艾伯特·H.加里（Elbert Gary）

J.G.卓别林（J. G. Chaplin）

约翰·H.佩特森（John H. Patterson）

参议员詹宁斯·伦道夫（U. S. Sen. Jennings Randolph）

亚历山大·格雷厄姆·贝尔博士（Dr.calexandergrahambell）

埃德温·C.巴恩斯（Edwin C. Barnes）

……

这些名字其实只代表了数百位美国知名人士的一小部分。无论他们在个人财富上，还是在生活其他方面取得的成就都证明，对卡内基秘诀的理解和运用帮助他们到达了生活

序

的巅峰。

我从未听说过有人受到这个秘诀的点拨，运用了这个秘诀后，却未能在自己选定的行业里取得任何令人瞩目的成就；我也从未见过什么人不运用这个秘诀就能出人头地，或累积到什么财富。从以上两个事实可以得出结论：作为成就大事的人必需的知识，这个秘诀要胜过人们通常所说的"教育"。那么，什么是教育呢？本书给出了详细的解答。

如果你的内心已经做好准备，那么我所说的这个秘诀就会跃然纸上，映入你的脑海！那时，你就会真正认识它。在你阅读本书的过程中，无论是在第一章还是最后一章，当它出现在你的眼前的那一刻，不妨停下来为自己庆祝，因为这一时刻将是你人生中的重大转折。

在读本书的时候还要记住，本书所写下的内容全部都是事实，而非虚构，其目的是为那些准备接受它的人提供一条放之四海皆准的真理，让他们知道该做什么，如何去做。他们还会从书中得到激励，从而开始自己的行动。

在你开始阅读第一章之前，作为你寻找卡内基财富秘诀的线索，我有一个小小的建议，那就是：人们所有的成就、所有的财富，其实都来自你的内心！如果你内心坚信自己必将拥有它，那么你已经拥有了这个秘诀的一半。因此，一旦另一半出现在你的面前，你就会立即认出它来。

再版前言
序

第一章 梦想是财富积累的开始
  第一节 用"梦想"打动爱迪生的人 …………… 001
  第二节 发明家与"流浪者" …………… 002
  第三节 挫折是机遇最好的伪装 …………… 003
  第四节 "行百里者,半于九十" …………… 005
  第五节 5角钱的启发 …………… 007
  第六节 女孩儿的"超能力" …………… 009
  第七节 正确的信念最重要 …………… 010
  第八节 "不可能完成的任务"——福特V-8 …………… 012
  第九节 做自己命运的主宰者 …………… 013

第二章 挖掘内心深处的欲望
  第一节 梦想——走向财富的第一步 …………… 016
  第二节 破釜沉舟的东方典故 …………… 018
  第三节 来自欲望的信念 …………… 018
  第四节 欲望转化为财富的六个步骤 …………… 019
  第五节 用百万富翁的眼光去看待一切 …………… 020

第六节　梦想的伟大力量 …………………………………… 021
第七节　要勇于放飞梦想 …………………………………… 023
第八节　直达内心的强烈欲望 ……………………………… 025
第九节　足以改变人生的意外 ……………………………… 026
第十节　6分钱的惊喜 ……………………………………… 027
第十一节　摆脱耳聋困扰的孩子 …………………………… 029
第十二节　信念足以创造奇迹 ……………………………… 030
第十三节　无比强大的意志力 ……………………………… 032

第三章　信心就是一切

第一节　"看到，就能做到"——走向财富的第二步 … 034
第二节　信心从何而来 ……………………………………… 034
第三节　"硬币的另一面"——消极暗示 ………………… 036
第四节　自我暗示的神奇力量 ……………………………… 037
第五节　获取自信的秘密 …………………………………… 039
第六节　唤醒沉睡的天赋 …………………………………… 042
第七节　创造10亿美元的谈话 …………………………… 043
第八节　思想创造财富 ……………………………………… 050

第四章　自我暗示的神奇力量

第一节　自我暗示——走向财富的第三步 ………………… 052
第二节　体验财富梦想成真的感觉 ………………………… 053
第三节　专注原则 …………………………………………… 054
第四节　潜意识需要不断强化 ……………………………… 056
第五节　智力的奥秘 ………………………………………… 057

第五章　不要忽略专业知识

第一节　运用知识——走向财富的第四步 ………………… 059

第二节　得到财富青睐的"无知"者 …………… 060
第三节　"运用"比"掌握"更重要 …………… 061
第四节　知识从何而来 …………………………… 062
第五节　学费的启发 ……………………………… 065
第六节　专业知识之路 …………………………… 066
第七节　简单的想法也能带来财富 ……………… 067
第八节　找工作的收获 …………………………… 068
第九节　提升自己的起步高度 …………………… 070
第十节　不谈抱怨，只求付出 …………………… 071
第十一节　把同事当成老师 ……………………… 072
第十二节　把知识转化为构想 …………………… 073

第六章　想象力是财富之源

第一节　智慧的生产线——走向财富的第五步 ………… 075
第二节　想象力的两张面孔 ……………………… 076
第三节　如何拥有想象力 ………………………… 077
第四节　财富运转的规律 ………………………… 078
第五节　关于想象力 ……………………………… 079
第六节　神奇的旧水壶 …………………………… 079
第七节　百万美元的故事 ………………………… 082
第八节　构想到财富的转变 ……………………… 086

第七章　梦想需要精心策划

第一节　心动不如行动——走向财富的第六步 ………… 089
第二节　永不言弃 ………………………………… 091
第三节　从推销自己开始 ………………………… 093
第四节　学习是成长的唯一途径 ………………… 093
第五节　成为领导者的必备素质 ………………… 094

第六节	导致领导失败的"十桩罪"	096
第七节	新的时代需要"新型领导方式"	099
第八节	如何应聘最佳职位	100
第九节	简历应该包含的信息	101
第十节	怎样得到理想的职位	105
第十一节	新时代的推销服务	106
第十二节	记住"QQS"评价公式	107
第十三节	服务的本质也是财富	109
第十四节	31个导致失败的原因	110
第十五节	重新认识自己	116
第十六节	定期剖析自我	117
第十七节	自测试题	118
第十八节	财富对于每个人都是公平的	120

第八章 决心是力量之源

第一节	克服拖延症——走向财富的第七步	122
第二节	如何果断决策	123
第三节	不自由毋宁死	125
第四节	绞刑架前的56个人	125
第五节	智囊团的诞生	127
第六节	那个决定改变了历史	128
第七节	最重要的书面决定	131
第八节	想得到什么，就要先想到什么	133

第九章 毅力是成功的保证

第一节	坚持不懈的信心——走向财富的第八步	135
第二节	测测你多有毅力	136
第三节	你拥有的是"金钱意识"还是"贫穷意识"	137

第四节　如何摆脱思想上的惰性 ……………… 138
第五节　将失败踩在脚下 ……………………… 140
第六节　培养毅力的方法 ……………………… 142
第七节　评价自己有多少毅力 ………………… 144
第八节　如果你害怕批评 ……………………… 146
第九节　定做属于你的机遇 …………………… 148
第十节　如何培养你的毅力 …………………… 149
第十一节　克服困难的诀窍 …………………… 150

第十章　运用智囊团

第一节　驱动力——走向财富的第九步 ……… 152
第二节　智囊团带来的力量 …………………… 153
第三节　增强你的智慧 ………………………… 155
第四节　积极情感中所蕴含的力量 …………… 157

第十一章　性欲——人类内心的隐藏能量

第一节　正确运用性的力量——走向财富的第十步 …… 159
第二节　成就与性之间的关系 ………………… 161
第三节　10种对心理的强烈刺激 ……………… 162
第四节　天才的灵感 …………………………… 163
第五节　培养创造力的窍门 …………………… 165
第六节　像天才那样工作 ……………………… 167
第七节　性欲的驱动力 ………………………… 168
第八节　什么是最能刺激心灵的东西 ………… 170
第九节　利用自己的个人魅力 ………………… 172
第十节　那些错误的性想法 …………………… 174
第十一节　开启情感的动力 …………………… 175
第十二节　爱的力量 …………………………… 178

第十三节　成也妻子，败也妻子 ·············· 180
　　第十四节　没有女性的财富毫无价值 ·············· 181

第十二章　神奇的潜意识
　　第一节　连接环节——走向财富的第十一步 ·············· 183
　　第二节　让你的意识更有创造力 ·············· 184
　　第三节　使用积极的情感 ·············· 186
　　第四节　七种积极情感 ·············· 187

第十三章　大脑的力量
　　第一节　致富的第十二步——接收和播放思想的基站 ·············· 188
　　第二节　大脑的神奇 ·············· 189
　　第三节　心灵感应 ·············· 191
　　第四节　让团队变得更有力量 ·············· 192

第十四章　神秘的第六感
　　第一节　通往智慧殿堂的大门——走向财富的第十三步 ·············· 194
　　第二节　第六感创造的奇迹 ·············· 195
　　第三节　你的人生由伟人塑造 ·············· 196
　　第四节　自我暗示塑造个性 ·············· 197
　　第五节　力量惊人的想象力 ·············· 198
　　第六节　第六感，灵感的源泉 ·············· 200
　　第七节　越是强大的力量，增长就越是缓慢 ·············· 200

第十五章　直击内心的六种恐惧
　　第一节　解剖自我，找到是什么阻碍了你的成功 ·············· 202
　　第二节　六种恐惧 ·············· 203
　　第三节　恐惧贫穷 ·············· 204

第四节　破坏性最强的恐惧 …………………… 205
第五节　恐惧贫穷的症状 ……………………… 207
第六节　钱是万能的 …………………………… 209
第七节　恐惧批评 ……………………………… 211
第八节　恐惧批评的症状 ……………………… 212
第九节　恐惧病痛 ……………………………… 213
第十节　恐惧病痛的症状 ……………………… 215
第十一节　恐惧失恋 …………………………… 216
第十二节　恐惧失恋的症状 …………………… 217
第十三节　恐惧年老 …………………………… 217
第十四节　恐惧年老的症状 …………………… 218
第十五节　恐惧死亡 …………………………… 219
第十六节　恐惧死亡的症状 …………………… 220
第十七节　忧虑 ………………………………… 221
第十八节　祸害无穷的破坏性思考 …………… 222
第十九节　魔鬼的力量 ………………………… 224
第二十节　如何抵抗消极影响 ………………… 225
第二十一节　自我解剖问卷 …………………… 226
第二十二节　你能绝对掌控的东西 …………… 230
第二十三节　55种人们常用的借口 …………… 231

第一章
梦想是财富积累的开始

第一节 用"梦想"打动爱迪生的人

"梦想有多大,格局就有多大。"这句话并非是泛泛而谈的心灵鸡汤,而是千真万确的人生真谛。当梦想与一个人的决心、毅力和获得财富或其他物质目标的强烈欲望融为一体时,就会迸发出无穷无尽的力量。

多年以前,一个叫埃德温·巴恩斯的人就坚信:梦想能够为自己带来财富。他之所以有这样的想法,并非是白日做梦,而是与当时一个伟大的发明家有关,这位发明家就是爱迪生。埃德温·巴恩斯坚信,如果自己能够与爱迪生合作,就能够成就一番伟大的事业。

这个梦想在巴恩斯的头脑中由来已久,他对此坚信不疑,而且这也并非是头脑一时发热的冲动想法,而是经过深思熟虑的。巴恩斯非常清楚自己的梦想是什么:要成为爱迪生的合作伙伴,而不是为他打工。这一点非常重要,也是巴恩斯成就自己财富梦想的关键所在。

但是,对于当时的巴恩斯来说,他距离自己的梦想还相当遥远,至少摆在他面前的两大难题是无法回避的:第一,他并不认识爱迪生;第二,他没有足够的钱乘坐火车去爱迪生所在的新泽西州奥兰治。

普通人在面对如此现实的困难时往往就退却和放弃了,但巴恩斯不是普通人,他是一个对于梦想无比执着的人。

第二节 发明家与"流浪者"

巴恩斯用尽了自己所能想到的一切办法,终于来到了爱迪生的实验室,他声称自己要成为这位发明家的事业伙伴。

与实验室中其他人看待疯子一样的态度不同,爱迪生并没有轻视眼前这个风尘仆仆、潦倒失意的年轻人,甚至在多年以后,爱迪生仍然非常清楚地记得这次会面:他站在我面前,满身尘土,就跟这个城市街头那些流浪者没什么两样,但他脸上无比坚定的神情让我看到了他对于梦想的执着,我的人生经历在那一刻告诉我,如果一个人对于自己的梦想有如此坚定的决心,甚至愿意用整个未来做赌注,那么他一定能实现自己的梦想。我给了他这个机会,因为我被他不达目的绝不放弃的决心打动了。事实证明,我果然没有看错。

巴恩斯之所以能够打动爱迪生并且在这里开始自己的事业,并不是靠外在条件,更不是靠运气,因为他根本没有这些。真正起关键作用的是他的梦想,和他对于梦想的坚持。

当然,一开始巴恩斯并没有立即成为爱迪生的事业伙伴,他只获准在爱迪生的办公室工作,而且薪水仅够糊口而已。这样的工作巴恩斯一干就是几个月,表面上看起来,巴恩斯并没有朝着自己的梦想更进一步。但正是这段时间的了解和经历,让他想要成为爱迪生事业伙伴的欲望更加强烈了。

常言道:"有志者,事竟成。"巴恩斯不仅有着明确的目标——做爱迪生的事业伙伴,而且他有不达目的誓不罢休的决心。在最开始的这几个月平淡无奇的工作中,巴恩斯没有丝毫的怀疑和动摇,相反,他每天都会对自己说:"我到这里来,就是要加入爱迪生的事业,没有什么能够阻挡我的梦想,即使让我用一生来追求,我也愿意。"

如果一个人有着明确的目标和梦想,并且坚定不移地去追求,就一定会创造出属于自己的成功的人生。在这一点上,巴恩斯不仅说到了,而且做到了。也许当时年轻的巴恩斯并没有意识到这一点,但是他矢志不渝的决心和对于梦想的执着追求,注定会帮助他排除万难,并创造出梦寐以求的机遇。

第三节 挫折是机遇最好的伪装

机遇就像一个伪装高手,它从不以真面目示人,更不会挂上写着"机遇"二字的指示牌。事实证明,大多数机遇都会伪装成"困难"或"暂时的挫折",并以此逃过大多数人的眼睛。即便是对于巴恩斯来说,他也未曾想到,自己的机遇会以如此的方式和背景出现在眼前。

当时,爱迪生刚刚完善了一项新发明的办公室设备,叫作"爱迪生口授机"。出于对陌生事物的抵触心理，爱迪生的推销人员并没有信心和热情去销售这种机器。他们认为，这种造型奇特的新产品，不下大力气去宣传，根本卖不出去。

然而，巴恩斯却在这件事上看到了自己的机遇，在他眼中，这个造型奇特的机器极有可能帮助自己进一步接近自己的梦想。而在当时，除了巴恩斯和爱迪生外，没有人对这种机器感兴趣。

巴恩斯果断地向爱迪生提出了自己要销售这部机器的想法，爱迪生同意了。巴恩斯很快就证明了自己的眼光：口授机卖得很好，并且迅速打开了销路。随后爱迪生和他签订了正式合同，让他全权负责口授机在全美的销售。

巴恩斯终于兑现了自己的话：成为爱迪生的事业伙伴。这部机器给他们带来了相当可观的财富，但是，对于巴恩斯来说，他成功的意义并不局限于此，他用自己的行动向世人证明：梦想真的可以带来财富。

"成为爱迪生的事业伙伴"这一梦想给巴恩斯带来了多少财富，我无从得知。但是，相对于上百万美元的巨额资产，巴恩斯在这件事情上收获的另一种财富才是真正宝贵的：在已知原则和坚定信念的支撑下，无形的梦想能够带来物质上的回报。

巴恩斯就是靠着自己的梦想和坚持与伟大的发明家爱迪生成为了事业伙伴，最终实现了自己的梦想，跻身富豪之列，这也正是梦想的价值所在。那些看不到梦想价值的人们，往往会羡慕巴恩斯抓住了机遇；而那些清楚梦想价值的人们心里知道，巴恩斯的成功和财富所依靠的不是机遇，更不是白手起家，而是他的梦想与坚持。

第四节 "行百里者，半于九十"

在暂时的挫折面前望而却步，是大多数人失败的常见原因之一，现实生活中，几乎每个人都会或多或少地犯这个错误。

达比的叔叔在美国淘金热时期也加入了西部淘金的大军之中，希望能一夜暴富，当时的他并不知道：更多的黄金其实都蕴藏在大脑这个"超级金矿"之中，而不是来自地下。

就像所有怀揣淘金梦想的人一样，达比的叔叔来到西部后圈出了一块地，然后拿起铁镐和铲子就开始埋头挖掘。功夫不负有心人，辛苦挖掘了几周后，他的努力得到了回报，闪闪发光的矿石开始出现在眼前。但是，他并没有将矿石运出地面的器械，于是他悄悄地把矿藏重新掩埋起来，然后回到了家乡马里兰州的威廉斯堡，把这个重大发现告诉了亲友和一些邻居。他们立刻行动起来，凑钱购买了需要的器械并运到西部，把先前发现的矿石一点一点运出地面。

第一车矿石挖掘出来之后，达比和叔叔及亲朋好友们怀着忐忑的心情把矿石运到了一个冶炼厂。结果证明，他们找到的矿区是科罗拉多极丰富的矿藏之一，矿石价值极高，他们之前采购设备欠下的债务只需要区区几车矿石就可以还清了。

这个好消息让他们兴奋不已，达比和叔叔对金矿寄予的

希望越来越大,他们似乎已经看到了大笔财富滚滚而来的情境。然而世事无常,随着矿井越挖越深,矿石的产量却越来越低,到了最后,金矿的脉络彻底消失了!他们的希望落空了,能带来财富的矿藏仿佛人间蒸发一般,任凭他们拼命继续挖掘,却再也没有出现在他们的视线之中。

最终,达比和叔叔及亲朋好友们决定放弃挖掘。他们把挖矿的器械以几百美元的低价卖给了一个旧货商,然后垂头丧气地乘火车回了家。那个旧货商随后找来一位地质工程师察看矿区,然后进行了评估分析。工程师认为,矿主之前的挖掘之所以没有成功,是因为他们根本没有任何地质学知识,而且也没有请专业人士进行勘探。这位工程师通过勘测得出了一个惊人的结论:再挖3米,达比和叔叔就能重新找到金矿的脉络。金矿就在3米之下!

结果,那位原本只是采购旧货的商人摇身一变,成了矿主,接下来的挖掘为他带来了数百万美元的财富,而这一切仅仅是因为旧货商坚持往前走了一小步:请地质工程师来勘测。

多年之后,达比才终于明白了这个道理:坚持梦想可以带来黄金。他把这一收获用在了自己的新事业——推销寿险上,终于弥补了损失,赚回了几倍的收益。

在那之后,达比时刻都在提醒自己:当年他与叔叔和亲朋好友一起,在距离黄金只有3米的地方停止了努力,放弃了梦想,最终失去了巨额财富。他每天都对自己说:"当年我在离黄金还有3米的时候放弃了,但在今天,如果我向客户推销保险时遭到拒绝,我绝不会放弃。"

这一信念帮助达比成了少数几个每年卖出寿险超过百万

美元的人之一,他将自己这种持之以恒的精神归功于在金矿开采事业中得到的教训。

我们又何尝不是如此呢?大多数人像当年的达比和他的叔叔一样,在通往梦想的道路上,遇到暂时的挫折甚至失败之后就轻易放弃了,最终与仅仅"3米之外的黄金"擦肩而过。而与此相反的是,全美500位最成功人士的经验表明:失败是最狡猾的,它最喜欢在胜利近在咫尺时将人绊倒;而那些成功者的成功之处就在于,他们在面临失败时,往往会选择坚持再迈出一步。

第五节　5角钱的启发

在挖金矿这件事上,达比得到了足够的"挫折教育",他决心要从挖金矿失败的教训中学会思考和进步。不久之后,另一件小事给达比带来了新的思考和启迪,他开始意识到:"不"并不一定代表着不可能。

达比的叔叔在老家经营着一座很大的农场,农场里有很多租种田地的农民。一天下午,达比正在老式磨坊里帮叔叔磨面,这时门轻轻地打开了,来者是一个佃农的女儿。她小心翼翼地走进来,站在门边。

叔叔抬起头,看到了这个孩子,不耐烦地喊道:"你进来干什么?"女孩儿怯生生地答道:"妈妈说她要5角钱。""不给,回家去吧。"叔叔很不客气地回绝了她。"是,先生。"女孩儿虽然嘴上答应了,但她的双脚并没有移动。

叔叔继续忙着手上的活,根本没注意到女孩儿并没有离开。过了一会儿,当他抬头看到女孩儿还站在那儿时,顿时火冒三丈:"我说过让你回家!快走,不要等我发脾气,否则有你受的!"

女孩儿再一次回答道:"是,先生。"但她还是一动也没动。

叔叔见状,怒气冲冲地扔下手中的粮食袋子,抄起一根木棍,满脸怒气地朝女孩儿走过去。

一旁的达比暗暗替女孩儿捏了一把汗。他非常清楚叔叔的暴脾气,看样子女孩儿难逃一顿痛打了……然而出乎达比意料的是,女孩儿并没有转身逃走,而是又向前走了一步,她抬起头,盯着怒气冲冲的叔叔和他手里的木棒,用尽全身力气喊道:"我妈妈就要那5角钱!"

叔叔被女孩儿的喊声吓了一跳,他停下来,看了她一会儿,然后慢慢放下棍子,从口袋里拿出5角钱,给了女孩儿。

女孩儿攥着手里的5角钱,目不转睛地盯着那个刚刚被她征服的人,慢慢地退回门边,离开了。之后叔叔坐在一个木箱上,有些出神,足足发了十几分钟的呆,若有所思。

达比同样也被震惊了,这是他平生第一次看到一个小孩儿沉着冷静地征服了一个成年人。她是怎样做到的呢?又是什么原因让叔叔消除了怒气,乖乖地拿出了5角钱?难道这个女孩拥有超能力吗?一个又一个念头不停地在达比脑海中闪过,他陷入了深深的思考,却并没有想明白。直到多年后他向我讲述这个故事时,才终于找到了问题的答案。

凑巧的是,我在听到这个不同寻常的故事时,正是在当年那个老磨坊里,也就是达比的叔叔被女孩儿挫败的地方。

第六节 女孩儿的"超能力"

达比站在那间发霉的老磨坊里，又一次向我讲起了当年那个女孩儿的胜利。最后他问："你明白这是怎么回事儿吗？那个女孩儿用什么神奇的"超能力"，如此彻底地打败了我叔叔呢？"

我把这个问题的答案写在了本书提到的几条原则之中，答案详尽而完整，其中既有细节分析，也有原理总结，如果你足够用心，你一定会理解并学会运用那个女孩儿无意中所展现出的那种神奇力量。而且，这种力量贯穿于本书的内容之中，你会通过这本书认识这种力量，并且有所顿悟，让这种不可抵御的力量为你所用。

当然，不同的读者可能会有不同的体会，你也许会在第一章就感受到这种力量，也许是在接下来的某一章中。它的出现形式可能是一个梦想、一个规划，或是一个小目标。但它们有一个共同的特点：就是可能会让你想起曾经遭遇的挫折或失败，并且用崭新的思维模式重新去审视它们，从而得到新的收获，甚至重新得到在失败中损失的一切。

达比就有着这样的经历，当我把那个女孩儿不经意间使用的力量讲给他听时，他马上联想到自己 30 年来做寿险推销员的经历。他坦承，自己在这一领域的成功，在很大程度上要归功于那个女孩儿身上所展现出来的那种力量。

达比先生说："我曾无数次遭遇客户的拒绝，但每一次面对拒绝，我都会不由自主地想到老磨坊里的那个女孩儿，她那双大眼睛里闪烁的不屈不挠的光芒，瞬间就会让我重新鼓起勇气。我会在心中对自己说：'我必须要卖出这份保险！'我卖出的多数保险都是在人们说过'不'之后又成功的。"

此外，达比还回忆起自己开采金矿时功亏一篑的错误。他说："那次经历对我来说并非是单纯的失败，恰恰相反，它给我带来了非常宝贵的收获，那就是不管一件事有多困难，都要坚持做下去。如果能够牢记并遵守这一原则，那么这个世界上就没有做不成的事。"

大多数从事寿险推销的人都会读到达比和他的叔叔以及小女孩儿和金矿的故事，我想对他们说，正是由于这两次经历，达比才能每年卖出一百多万美元的寿险。

达比的这两次经历在大多数人看来，可能既普通又简单，但是这两次经历中却蕴涵着人生目标的答案。正因为如此，这两次经历对达比而言，和生命本身同样重要。他之所以能从这两次寻常的经历中受益，是因为他善于思考和总结，并且从中吸取了教训。但是，如果一个人既没有时间，也没有足够的经历在追求知识的过程中从失败中学习，那么他如何才能取得成功呢？他该如何去寻找属于自己的成功机会呢？

这也正是本书想要回答的问题。

第七节　正确的信念最重要

在寻找答案之前，希望大家记住：正如每个人追寻的成功机会各不相同一样，答案也有着各自不同的面目，它可能是你在阅读过程中脑海中闪现出来的某个念头，也可能是你突然想到的某个计划或者目的，甚至，它有可能一直就存在于你的脑海之中，只是你没有意识到而已。

我们要想让自己离答案更近，首先要认识到一件重要的事情，那就是信念的重要性。我花了25年来研究那些富人是如何实现财富梦想的。对于人们常说的"只有努力工作、持之以恒的人才能致富"的说法，我认为并没有说到重点，真正重要的是内心的信念。

对于大多数人来说，一个主要的弱点就是经常说"不可能"这三个字，他们总是以固定的思维去看待问题，自认为知道哪些事情有可能实现，哪些事情不可能做到。但总有一些人例外，他们为了心中的梦想，愿意不惜一切去挑战那些看似"不可能"的困难，甚至毫无理由地坚信自己一定能够成功。

这就是信念。那些坚信自己能够实现梦想的人们，他们的信念可以称为"成功信念"；而那些很容易就被挫折打败，放任自己接受失败的人们，他们的信念其实是"失败信念"。

在这里，我可以肯定地告诉大家：成功只钟情于那些拥有成功信念的人；失败则钟情于那些放任自己失败信念的人。本书的目的就是要帮助所有那些致力于寻求改变、希望将失败信念扭转为成功信念的人。

第八节 "不可能完成的任务"——福特 V-8

当年,汽车大亨亨利·福特决定制造著名的 V-8 汽车时,他打算制造一台内置 8 个汽缸的引擎,并把这一任务交给了自己的工程师们。然而,当设计图绘制出来后,工程师们一致认为不可能在一个引擎内放置 8 个汽缸,他们用详尽的科学分析向福特论证了这一结论的科学性,认为这是一项"不可能完成"的任务。

但福特的反应令所有工程师抓狂,他自始至终只有一句话:"无论如何,不管花多少时间,都必须想办法造出来!"

面对老板的固执,无奈的工程师们开始投入研发,因为对于他们来说,如果还想在福特公司干下去,那么别无选择。时间一晃就是半年,V8 项目毫无进展;又过了半年,还是毫无收获。工程师们尝试了能够想到的每一种方案,但就是无法成功,也就是说"不可能"。

到了年底,福特来检查他们的工作,工程师们还是告诉他,这是一个根本无法完成的项目。

"接着做,"福特说,"我必须要拥有这样一台引擎,我一定要拥有它。"工程师们只好继续他们的研发工作,终于在某一天,奇迹真的发生了,他们找到了符合要求的材料和设计方案,神奇的 V8 引擎诞生了!

福特近乎偏执的决心再一次获胜了!

当然,V8 引擎的研发过程要困难和曲折得多,但我们要关注的是,福特如何把一项"不可能完成"的任务变为了现实。那些拥有财富梦想的人，不难从这个故事中发现福特成为百万富翁的秘密。

首先，我们从亨利·福特身上看到了欲望——对 V8 引擎近乎偏执的欲望。这并非福特个人的意气用事，而是因为福特懂得运用成功的原则。对于成功来说，欲望就是重要的原则之一：你必须非常清楚地知道自己想要什么。如果你能够做到这一点，能够领会福特成功的关键所在，那么你就能在任何适合你的职业中，拥有取得福特般成功的潜力。

第九节　做自己命运的主宰者

诗人亨利（Henley）写下过这样的诗句："我是自己命运的主宰者，是自己灵魂的统帅。"

在我们欣赏诗句的同时，我想要告诉大家，这两句诗同样也适用于财富的积累。我们必须用取得财富的强烈欲望去主宰我们的头脑，必须用"财富信念"武装自己，直到对财富的欲望驱使我们制订出取得财富的明确计划。因为一旦我们拥有了"财富信念"，就有能力主宰自己的思想，并且用思想去支配我们的行为。于潜移默化之中，思想就会以一种不为我们所知的方式将我们引向与我们的意念一致的力量、人和环境。

我在西弗吉尼亚塞勒姆市塞勒姆大学的毕业典礼上做演讲时，就重点强调了用信念主宰自己思想的重要性。当时毕业班上的一名学生决心去践行这一原则，并使它成为自己人生哲学的一部分。后来这个年轻人当选国会议员，是富兰克林·罗斯福政府中的重要人物。他身居高位之后给我写了一封信，信中明确表达了他对我当年演讲中财富原则的看法。我把这封信附在下面，作为第二章的引言。

亲爱的拿破仑：担任国会议员的工作让我有机会发现了普通人存在的问题，所以我想写信提出一点建议，帮助那些应该得到帮助的千千万万的人。

1922年，您在塞勒姆大学的毕业典礼上发表过演讲，当时我正是一名毕业生。在演讲中，您将一个观念深深植入了我的脑海，让我有机会从事为国民服务的事业，而且如果未来我取得任何成就，都将在很大程度上归功于这一观念。

回想起来，那一幕仿佛就在昨天。您在台上生动地讲述了亨利·福特的故事。他没有接受过正规教育，没有钱，也没有有权势的朋友，却达到了事业的巅峰。在您的演讲还未结束的时候，我就下定决心，无论跨越多少艰难险阻，也要闯出属于自己的一片天地。

如同我当年即将离开校园一样，成千上万的年轻人将在今年和今后几年步入社会。就像我从您那里得到的帮助一样，他们也需要得到一种切合实际的鼓励。他们不知道下一步走向何处，该做什么，以开始今后的生活。您可以告诉他们，因为您已经帮助不计其数的人解决了这些问题。

今天的美国，有数不清的人想知道如何将自己的想法转化为财富，而且他们都是白手起家，没有经济基础。如果说有人能帮助他们，那么此人非您莫属。

第一章 梦想是财富积累的开始

如果您会出版此书,那么我很想在书籍出版后就立即得到一本有您亲笔签名的书。

此致

诚挚的祝福

詹宁斯·伦道夫

自从 1922 年那次演讲之后,我目睹詹宁斯·伦道夫成长为一名国内一流航空公司的高级经理人、一位极具鼓舞力的伟大演说家和来自弗吉尼亚州的国会议员。

第二章
挖掘内心深处的欲望

第一节 梦想——走向财富的第一步

多年前,当那个叫埃德温·巴恩斯的年轻人在新泽西州的奥兰治跳下货运火车时,他看上去和那些无家可归、四处流浪的人们没有任何区别,但他的内心却燃烧着一团足以照亮前程的火焰——对于财富和未来的强烈欲望。

因为没有钱乘车,他沿着铁轨徒步前往爱迪生的办公室。一路上,一个念头始终在他的脑海里挥之不去,那就是自己一定要真的站在爱迪生面前,请求爱迪生给他一个机会,让他实现那个魂牵梦绕的强烈欲望,也就是要成为那位伟大发明家的事业伙伴。

巴恩斯的这个念头并不是一种希望,也不是一种愿望,而是一种热切的、激动人心的欲望。这种欲望的力量超过了一切,清晰而明确。正是这样强烈的欲望支配着巴恩斯的行为,也撑起了他的财富梦想。

5年之后,巴恩斯追寻的机会终于出现了,他终于以事

第二章 挖掘内心深处的欲望

业伙伴的身份再一次站在了爱迪生的面前。可能对别人来说，他不过是爱迪生事业"车轮"上的一个"齿轮"，但在他自己的心目中，从他和爱迪生一起工作的那一天起，每时每刻他都是爱迪生的事业伙伴。正是在这种信念的支撑下，巴恩斯的欲望变成了现实，他一生的梦想终于实现了。回顾巴恩斯的经历，我们完全可以说，他之所以成功，是因为他选择了确定的目标，并为实现这一目标倾其所有，矢志不渝。

很显然，一个人内心的强烈欲望有着无穷的力量。因为巴恩斯想成为爱迪生事业伙伴的欲望胜过了一切，所以他实现了自己的梦想，他不仅制定了达到目的的计划，而且切断了所有的退路。无论是最初的念头还是途中的艰难险阻，他的欲望从未有过一丝减弱，直到这种欲望变成他一生的梦想和追求，并最终成为现实。

当巴恩斯决定前往奥兰治的时候，他内心的想法并非是"我要说服爱迪生给我一份什么工作干"。而是"我要见到爱迪生，并且成为他的事业伙伴"。他没有说："如果我不能和爱迪生共事，还可以考虑别的机会。"他说："我必须成为爱迪生的事业伙伴，只有如此，我心中的梦想才有可能成为现实，为了达到这个目标，我愿用一生作为赌注，无论付出多大的代价也在所不惜。"

很显然，巴恩斯没有给自己留下任何退路，要么成功，要么就是死路一条。

——这就是他成功的秘诀！

第二节　破釜沉舟的东方典故

很久以前,位于世界东方的一个国家,一位伟大的将军面临强大的敌军和敌众我寡的战场局势,他做出了一个惊人的决定:士兵登船渡河,奔赴前线,士兵们下船之后,他下令将来时乘坐的船只全部烧毁。然后他对士兵们说:"你们看到了,船只已被烧毁。如果这一仗打败了,我们就休想活着离开这里!我们面前没有退路——要么胜,要么死。"

结果,将军率领的军队士气高涨,以少胜多,取得了最终的胜利。

每个想取得成功的人都如同船上的士兵,只有做到破釜沉舟,背水一战,才能保持强烈的取胜心态,而这正是成功的根本。

第三节　来自欲望的信念

一百多年前的芝加哥,斯泰特大街曾发生过一次极其惨烈的火灾,整条街的商铺一夜之间化为灰烬。第二天早晨,一群商人站在斯泰特大街上,看着眼前仍在冒烟的灰烬,那里曾是他们原来的店铺。这次火灾对他们的打击非常大,所以他们开会讨论是该重建,还是离开芝加哥,到国内其他更有前途的地方另起炉灶。最终,大多数人同意离开芝加哥,但只有一个人例外。

这个决定留下重建的商人指着自己店铺的废墟说:"先生们,我要在这个地方建立世界上最兴隆的商店,不管再发生多少次火灾,也不能动摇我的决心。"

这个商人的名字叫马歇尔·菲尔德(Marshall Field),直到今天,他的商店依然伫立在那条曾经发生火灾的街道上。它像一座纪念碑,象征着一种心态,那就是燃烧的欲望和信念。

对马歇尔·菲尔德来说,最容易做到的,可能就是和他的商人朋友一样离开那里。在处境艰难,未来暗淡时,那些商人选择了更容易的道路,这在大多数人看来是非常正常的选择,无可厚非。但是,我们一定要看到马歇尔·菲尔德与其他商人之间的不同,那就是他内心强大的欲望和信念,也正是因为这个不同,决定了他的成功与其他人的失败。

我们每个人在明白了金钱的重要性后,都希望得到它。虽然这种发自内心的欲望不会让财富凭空掉下来,但是如果一个人对于财富的欲望强大到足以产生信念,并把信念转化为执着的追求,那么他必然会找到取得财富的明确的方法和途径,并最终凭借自己的不懈坚持获得成功。

第四节　欲望转化为财富的六个步骤

在这本书中,我把欲望转化为财富的过程归纳为六个明确、实际的步骤:

第一,脑海中对于财富要有一个明确的目标。只对自己

说"我想要好多好多钱"还不够，还要说出一个确切的数字，如"今年先给自己定一个小目标，赚它200万！"（这种确定性有其心理学上的道理，第三章将对此加以讨论）。

第二，要牢记"天上不会掉馅饼"，一定要清楚自己为了财富目标能付出多大的努力。

第三，给自己的"小目标"制定一个具体的实现期限。

第四，制定明确而详细的财富计划，然后无论是否做好准备，都立刻开始执行。

第五，把自己的一系列"小目标"整理成一份清晰、具体的清单，写下你想得到的每一笔金钱数额、最后期限、需要付出的代价，以及积累清单上全部财富的明确计划。

第六，每天早晚两次认真读一遍自己的"财富清单"，读的时候，要发自内心地让自己看到、感觉到并且相信自己已经拥有了这笔财富。

一定不要小看这六个步骤，尤其是其中第六个步骤。可能有些人会抱怨说，如果没有实际拥有财富，那么根本没有办法相信自己已经拥有了那笔财富。但是我要说的是，如果你内心真正拥有对财富的强烈欲望，真正拥有属于自己的财富梦想，那么你做到这一点并不是很难，这也是一个人建立起"财富信念"的必经之路。

第五节　用百万富翁的眼光去看待一切

之所以强调要"发自内心地让自己看到、感觉到并且相信自己已经拥有财富",是因为这真的非常重要。另外,这六个步骤并非是来自空想,相反,它来自非常真切的实践经验,即著名财富大师安德鲁·卡内基的亲身经历。原本出身贫寒的卡内基曾是钢铁厂的一名普通劳动者,但他正是利用这些原理,为自己创造了百万美元以上的财富。

并且,我总结出来的这六个步骤,曾接受过爱迪生的实践检验。爱迪生认为,这六个步骤不仅是积累财富的必经之路,同时也适用于任何目标的实现。

这六个步骤实施起来非常简单,不需要付出"艰苦劳动",不需要做出牺牲,可谓是"举手之劳"。但同时它又并不简单,因为你需要有足够的信念和想象力,从而让你能够看到和明白,金钱的积累不能靠偶然和运气,而是要有科学的规划和步骤。我们必须认识到,要得到巨大的财富,必须首先拥有梦想、希望、愿望、欲望和计划。

说了这么多,我真正想要表达的其实只有一句话:如果没有对金钱的强烈欲望,并且真正相信自己能够拥有财富,那么你永远不会得到它。

第六节 梦想的伟大力量

渴望财富的我们必须要明白,这个世界处在不断地变化之中,新的思想和事物层出不穷。相对应地,我们需要有新的行为方式、新的领导者、新发明、新的教学方法、新的营销方法、新书籍、新文学、新的电视特色和新的电影创意去跟上世界变化的脚步。但这一切都需要一个必要前提，那就是我们必须要知道自己内心想要的是什么，并且对它拥有炽热的欲望。只有这样，我们才能得到更新更好的收获。

我们还要明白这个世界运转的另一个重要规律：真正领导世界的人，他们能发现尚未出现的事物中所蕴藏的无形力量，并将其运用于实践，把头脑中的想法和意念转化为摩天大厦、城市、工厂、机场、汽车及给人们提供方便、使生活更美好的任何创新事物。

如果你有自己的财富目标，就不要轻视和嘲笑那些心怀梦想的人，即使他们的梦想多么的不切实际。因为，我们要在这个时刻变化的世界成为大赢家，就必须学习过去那些伟大的开拓者们，正是他们的梦想赋予文明应有的价值，他们的精神也是我们国家的生命血液。

当年的爱迪生梦想制造一盏用电控制的灯，并且立刻着手将这一梦想付诸行动。经历了上万次失败后，他终于把梦想变成了实实在在的现实；惠兰梦想开一家遍布全国的连锁烟草店，然后采取了行动，现在联合烟草连锁店已经遍布美国的大街小巷；怀特兄弟梦想制造一架能在空中飞行的机器，现在，全世界都能看到他们的伟大梦想带来的影响；马可尼梦想找到一种方法，以控制空气的无形力量，最终他的梦想没有落空，现在全世界每一台收音机、电视机都是他这个梦想的结果。

有一个小插曲值得我们注意，当年马可尼的"朋友"曾把他关在精神病医院接受检查，原因竟然是马可尼宣布自己发现了一个原理，能不通过电线或其他看得见的直接通信手段，而只借助空气传递信息。

相对马可尼的梦想所受到的怀疑，今天的梦想家可是幸运多了，所以我们还有什么理由不去拥有自己的梦想呢？如果你想做的事情是正确的，并且对此深信不疑，那么尽管放手去做！放飞你的梦想，如果遇到暂时的挫折，不要在乎"别人"怎么说，因为"别人"可能并不知道，每一次失败都蕴含着成功的种子。

世界上有无数的机会，而这些机会只青睐那些敢于梦想、敢于付诸实施的人们。就像曾经那些绝不轻言放弃的梦想家一样，有了这种精神，我们才能有机会发掘、展示自己的才能。

第七节　要勇于放飞梦想

我们知道，"想成为什么人""想做什么事"的强烈欲望，是每一个梦想家起飞的基点。而那些冷漠麻木、游手好闲和不思进取的人们，充其量只能称之为"空想家"。

我们必须明白，那些成功实现自己梦想的人们并非都是一帆风顺的，相反，大多数成功者最初都并不顺利，他们在历经无数次艰苦卓绝的奋斗之后，才到达了梦想的彼岸。也正是奋斗历程中经历的那些挫折和失败，让他们发现了"另一个自我"。

欧·亨利的命运可以用"坎坷多难"来形容，他曾被关在俄亥俄州哥伦布的监狱中，然而也正是这段经历，让他发现了沉睡在头脑中的智慧，发现了"另一个自我"。他发挥想象，终于发现自己可以成为一个伟大的作家，而不是可怜的

罪犯和流浪者。

查尔斯·狄更斯的第一个职业是在鞋油罐上贴标签。因为被失去初恋情人抛弃，他痛苦万分，结果却成为世界上伟大的作家之一。他的爱情悲剧让他首先写出了《大卫·科波菲尔》，然后是一系列其他的作品，丰富和完善了读者的世界。

海伦·凯勒刚出生不久就成了一个又聋、又哑、又瞎的孩子。尽管遭遇了常人无法想象的不幸，她却依然通过自己的努力，最终把自己的名字刻在了历史的伟大篇章上。她的生活经历表明，没有人能被打败，除非接受失败的现实。

目不识丁的乡下人罗伯特·彭斯，自幼饱受贫穷之苦，长大后还成了酒鬼。但是世界因他而变得更加美好，因为他用诗给思想披上了美丽的衣裳，他拔掉了生活中的荆棘，种上了芬芳的玫瑰。

诸如此类的例子还有很多，如贝多芬听不见，弥尔顿看不见，但是他们的名字与日月星辰同在。因为他们拥有梦想，并把梦想变成了条理清晰的思想。

每一个人都必须要明白："想得到"和"准备接受"是完全不同的概念。一个人只有相信自己能得到某个东西，才会在内心准备接受它。这种心态是信念，而不是希望或愿望。只有胸怀宽广才会产生信念，自我封闭不会激发信心、勇气和信念。

制定远大的人生目标，建立追求财富的宏伟梦想，其实并不是一件很困难的事情，甚至比接受不幸和贫穷要容易得多。一位伟大的诗人曾在自己的诗句中写下了这个永恒不变的真理：

我向生活索取一个铜板，
生活的给予却极不情愿，
无论我在黑夜如何乞求，
却只能对着微薄的收入无言。
生活就是一个雇主，
它会按照你的要求给付，
而一旦自己定了薪酬，
就要把工作担负。
我的追求不高，
却惊异地知道，
原来我的所有要求，
生活都会慷慨回报。

第八节 直达内心的强烈欲望

在我认识的人当中，有一个极为不同寻常的人。第一次看见他是在他刚出生几分钟后，大家发现，这个婴儿竟然没有耳朵。当问及医生时，医生坦言，这个孩子也许要一生聋哑了。

在当时的情况下，我立刻质疑了医生的观点，我有权利这样做，因为我就是这个孩子的父亲。在我内心深处，我坚决不接受医生的说法，在我看来，儿子将来一定会听见，也一定会说话。那么，我该如何把内心深处的这一信念变为现实呢？虽然我当时并没有具体的计划，但我坚信肯定会有办法，我也知道自己一定会找到这个办法。我想起爱默生的不

朽话语:"事物的发展会告诉我们真理,我们只需遵循它。它会给每个人以指示,只要悉心聆听,就会得到真谛。"

那么,爱默生所提到的真谛究竟是什么呢?答案就是"欲望"!对于初为人父的我来说,最为强烈的欲望就是不让儿子成为聋哑人。对于这个欲望,我一秒钟都未犹豫过。

在如此强烈的欲望的指引下,我开始明白自己要去做些什么,我要在儿子没有耳朵的情况下,想方设法把寻求方法和途径的强烈欲望传达到他的大脑。当儿子开始懂事的时候,我就拼命地给他灌输听的强烈欲望,希望在冥冥之中能有某种力量把我的这种欲望变成实实在在的现实。

在那个时期,每一天的每分每秒,这种想法都不停地在我的脑海里盘旋,而且我每天都会在心里重温自己许下的诺言:一定不要让儿子成为聋哑人。

再后来,当儿子长大些的时候,他开始能注意到周围的事物。我惊喜地发现,他居然有微弱的听力!到了一般孩子学习说话的时候,他还没有想说话的迹象,但是从他的表现来看,他能听到一些声音。这正是我渴望知道的事。我相信,如果他能听到,哪怕是一点点声音,就仍有可能拥有良好的听力。然后,有一件事给了我希望。这是一个完全的意外。

第九节 足以改变人生的意外

一个偶然的机会,我买了一部留声机。儿子第一次听到留声机发出的声音时立刻就着了迷,而且把留声机据为己有。

有一次，我发现他一遍一遍地反复播放同一张唱片，持续了近两个小时，而他站在留声机前，一直用牙齿咬住留声机的一边。当时的我们从未听说过"骨骼传导声音"的理论，因此直到几年之后，我才弄清楚儿子当时在做什么。

虽然当时我并不清楚其中的原理，但我发现，当我的嘴唇接触到他耳朵后面的乳突骨说话时，他能清楚地听到我的声音。这一发现让我欣喜若狂，我立即开始着手培养儿子在听和说方面的兴趣。很快我发现，儿子喜欢睡前听故事，于是，我开始着手精心编造一些故事，旨在培养他的自立能力、想象力和"能听见声音、能做正常人"的强烈欲望。

例如，我在给他讲故事的时候，都会特意加进一些新鲜的、戏剧性的色彩。这是我精心设计的，目的就是在他心中植入一个观念，即先天的缺陷并非只能带来不幸，而有可能成为潜在的优势。虽然当时的我坚信"每一种逆境都隐藏着走出困境的机遇"，但我也必须承认，自己当时根本无法知道，自己和儿子的机遇究竟在何方。

第十节 6分钱的惊喜

在我分析和回顾这些经验时，我能感受到，儿子对我的信心和那些令人惊叹的故事结局有很大的关系。他对我告诉他的事深信不疑。我通过种种方法给他灌输了这样一个观念：虽然他在听力上有缺陷，但他在其他许多方面有很大的优势，如学校的老师会因为他没有耳朵而特别关照他，对他也更和蔫。而事实上老师们的确也是这样做的。除此之外，我还给他灌输了另一个观念，就是等他长到可以卖报纸的时候，一定会比身为报业商人的哥哥更加优秀。因为，如果人们看到一个小孩儿虽然没有耳朵，却依然聪慧、勤奋时，一定会乐意多付钱给他。

儿子对我的说法深信不疑，在他快 7 岁时，我们对他心灵的教化方法第一次开花结果。几个月来，他一直央求妈妈允许他去卖报纸，但他妈妈一直没有准许，但最终他抓住了机会。这天下午，原本单独与佣人留在家里的儿子从厨房的窗户爬出去，跳到地面上，然后一个人开始了自己的计划。他先是向附近的鞋店借了 6 分钱作为本钱，开始卖报纸，卖掉后，再投资，然后再卖，如此反复，儿子就这样不知疲倦地卖报纸，一直到天黑。

晚上我们下班回到家之后，惊奇地发现儿子已经躺在床上睡着了，而他手里紧紧攥着的，是还掉借来的 6 分钱后净赚的 4 毛 2 分钱。当时，他妈妈掰开他的手，看到他手里的铜板之后，心里五味杂陈，忍不住哭了起来，她为儿子人生的第一次胜利而哭。而我的反应正好相反，我开心得不得了，因为我知道，我的努力没有白费，我费尽心思在他心中深深植下的那颗自信的种子，已然生根发芽。

在妈妈的眼中，儿子的第一次商业实践，是一个耳聋的孩子，冒着生命危险跑到街上去卖报纸。而在我的眼中，我看到的是一个勇敢、进取、自立的小生意人，他用实际行动证明了自己对于内心欲望的掌控能力，凭着自己的开创精神从事生意，而且获得了成功。在这个过程中，他对自己的能力增添了百分之百的信心。这一切都让我欣喜若狂,因为我知道,他已经证实了自己的头脑和坚韧,而且这些优点将会伴随他的一生。

第十一节 摆脱耳聋困扰的孩子

在听课极为困难的情况下,儿子读完了小学、中学和大学。在我的坚持下,他没有读聋哑学校,也没有学习手语,而是所有的事情都按照正常人的生活方式进行,读正常孩子的学校,和正常的孩子交往。虽然我经常因为此事和学校的老师激烈地争辩,但我们一直坚持这个决定。

儿子读高中时,我们曾给他试用过电子助听器,但没有任何作用。而在他大学毕业前的最后一个星期,一个意外的发现改变了他的人生。由于种种巧合,他得到了另一种电子助听器,是别人送给他试用的。基于上次对类似装置的失望,他对这次试验并不热衷。他拿起助听器,漫不经心地戴上,打开开关,结果,奇迹出现了,他一生渴望的正常听觉竟成了现实!他生平第一次他真的听见了,而且听得和正常人一样清楚。

这简直是一个奇迹!这个助听器带来的全新世界让他欣喜若狂,他立即找到一部电话,拨给妈妈,清楚地听到了妈妈的声音。又过了一天,他生平第一次在课堂上清楚地听教授讲课,轻松地和他人谈话,而不必请他们说得大声些了。他真真切切地拥有了一个全新的世界。

"欲望"所带来的奇迹不止一次地发生了,我的坚持得到了回报,但我并没有满足。因为在我的心中,儿子仍需找出明确、实际的办法,从而把自己身上这种先天的缺陷转化为更加庞大的财富。

第十二节　信念足以创造奇迹

当然,还在读大学的儿子并没有想到这些,他只是为了自己能够听到声音而欣喜若狂,他完全陶醉在全新的声音世界带来的喜悦中,以至于情不自禁地给助听器的制造商写信,满怀激情地描述他的体验。他的信打动了制造商,他们专程邀请他来到纽约参观助听器的加工工厂。

在参观工厂的过程中,儿子和总工程师有了充分的沟通和交流,他向工程师们描述了自己感受到的全然不同的世界。这时,一个预感、一个构想或一个灵感,随你怎么说都行,一瞬间出现在他的脑海:对当时多达数百万未受益于助听器的聋人来说,如果他能将自己体验的全新世界告诉他们,或许对他们会有帮助。

正是这个瞬间出现的小小念头,在不久以后的将来,神奇地将他的不幸转化为资产,并且回报给他双重的利益——金钱和数千人的幸福。

参观完工厂之后,儿子立刻进行了一个月的详细研究。在此期间,他分析了整个助听器工厂的营销制度,并且想出了和全世界有听力障碍的人沟通的渠道和方式,以便和他们分享自己发现的全新世界。这项工作完成后,他开始根据自己的发现,制订出一个两年的销售计划。助听器制造商高层看到这份销售计划之后,当场给了他一个可以实现抱负的职位。

再一次回到这家工厂,儿子不是以参观者的身份,而是以员工的身份,这是他当初完全没有想到的。但是,更大的惊喜正在不远处等着他,在他头脑中闪过那个念头的一瞬间,他就注定要为上千名聋人带来希望和实际的解脱。如果没有他的帮助,那些聋人将一辈子生活在无声的世界中。

对于儿子布莱尔所取得的成就,我深信,如果不是我和他的母亲从小就殚精竭虑地塑造他的内心世界,他将一生生活在没有声音的世界里。当我们在他心中深植想听、想说的欲望,而且渴望活得像正常人一样时,那份信念带来了某种奇妙的影响,促使上天为他筑起一座桥,跨越他的心灵和外界之间的沉寂鸿沟。

虽然从某种意义上来说,当初我们在儿子幼小心灵中种下的信念是一份"善意的谎言",但只要这份信念足够强烈,欲望足够热烈,奇迹就一定会出现。布莱尔曾无比地渴望正常的听觉,现在他真的拥有了!而且,他把发生在自己身上的不幸变成了财富,不仅是自己的,也是其他无数聋人的。他深信,自己所努力的事业,可以帮助无数生来残障的孩子避免流浪街头的悲惨命运。

只要你心中的信念足够强烈,那么世界上便没有不可能实现的事情,奇迹也并非那么遥不可及,这一切就是如此简单。

第十三节　无比强大的意志力

我曾看过这样一段有关舒曼·海因克的简短报道，对此我产生了浓厚的兴趣。

据说在事业之初，舒曼·海因克小姐拜访了维也纳宫廷歌剧院的指挥，请他测试自己的嗓音，但指挥没有试听。他看了看这个笨拙、寒酸的女孩儿，不屑一顾地对她说："你的长相平平，毫无特色，怎么能期望在歌剧界成功呢？好孩子，放弃这个念头吧！买架缝纫机，找个工作做。你永远成不了歌唱家。"

很显然，这位维也纳宫廷歌剧院指挥非常了解歌唱的技巧。但他并不知道，如果一个人的欲望成了心中唯一的意念，这种意志力会有多大！如果对这种力量稍加了解，他就不会错误地在一个天才还未获得任何机会时，就宣判其末路。

后来，舒曼·海因克小姐在歌剧界取得了无比耀眼的成就。不知道当年的这位维也纳宫廷歌剧院指挥听到这个消息之后，会做何感想。当然，这并不是我所关心的，我之所以对此产生浓厚的兴趣，是因为我在这位杰出的女歌手身上窥探到了有关成功的秘密——意志力的强大力量。

几年前，我的一位事业伙伴生病了。他的病情一天天加重，最后不得不接受手术。医生告诉我，他可能没有多少生存机会了。但是，我这位一向乐观的合伙人老兄并不把医生的话当回事儿，在被推进手术室之前，他挤出一丝虚弱的笑容，小声对我说："别听他的，老兄，过几天我就会出院了。"

我永远无法忘记当时旁边护士看着我时那充满遗憾的眼

神。然而,奇迹真的发生了,我这位老兄真的安全地度过了危险期。事后,当初曾几乎给我这位朋友"宣判死刑"的医生说:"知道他为什么能坚持下来吗?就是他那股想活的意志。要不是他拒绝接受死亡,早就挺不过去了。"

我相信信心支持下的强大意志力,因为我见过这种力量曾将出身低微的人推向权力与财富的宝座;见过它从死神手中夺回生命;见过人们凭借它,在即使遭受数百次不同的打击挫折后,仍能高奏凯歌;我更见过,即使造物主让我的儿子生活在一个没有耳朵的世界里,却仍赐予他正常、快乐和成功的生活。

因此我坚信,这个世界不存在"不可能",关键在于你想不想实现。意志的力量是无穷的,除非人为地限制它。这个世界上的所有成功与失败,甚至贫穷与富有,都是意志力的产物。

那么,我们要怎样驾驭并使用意志力的力量呢?在本章和以后的章节里,我会对这一点做出回答。

第三章

信心就是一切

第一节 "看到，就能做到"——走向财富的第二步

信心是什么？就是对于成功必将到来的笃定，它是欲望和意志力的产物，是大脑中重要的催化剂。当一个人的心中充满信心时，潜意识会立刻把它转化为精神层面对于未来的确切愿景，并影响到行为的方方面面。

科学研究表明：在所有主要的积极情感中，信心、爱和性的力量最为强大，它们可以影响人的潜意识，而潜意识所蕴含的特殊的力量可以转化为发自内心的精神力量。

第二节 信心从何而来

信也可以说是一种心理暗示或心理状态，它产生于对潜意识的不断肯定或反复暗示，也就是说，心理暗示能产生或创造信心。

第三章 信心就是一切

举一个简单的例子，想一想你读本书可能出于什么目的。当然，你的目的就是要获得一种能力，从而将欲望产生的无形意念或者想法转化为财富。遵循"自我暗示"和"潜意识"两章摘要中的指示去做，你的潜意识就会通过心理暗示让自己坚信将会获得想要的所有一切。这样，潜意识通过心理暗示与信心之间形成了一种互动，不断传达给你一种"信心"，从而产生实现一切欲望所需的明确计划。

此外，研究还表明：不断反复而确定地对潜意识发号施令，是自发培养信心的唯一方法。这一结论在犯罪学领域得到了很好的印证。一位著名的犯罪学家曾经说过："第一次接触罪恶行为时，人们通常会感到憎恶。但假如在一段时间内连续不断地接触犯罪行为，人们就会习以为常，不以为然。再持续更长时间的话，人们最终会从内心接受罪恶，并为之所左右。"

同样的道理，如果不断地将其他的想法传达给潜意识，这些想法最终都将被接受，并通过潜意识产生回应，进而以最切实可行的步骤把想法变为现实。说到这里，请再想一想这句话：人们内心产生的任何想法，如果都能够以潜意识的方式转化为精神力量，从而产生强大的信心，那么任何想法和意念都有可能成为现实。

事实上，凡是与任何积极情感或消极情感相结合的意念，都会到达并影响我们的潜意识。意念中的情感或"感觉"，是赋予意念活力、生命和行动的重要因素。信心、爱和性如果与任何意念冲动相结合，将比任何单一情感的作用更加强大。

第三节 "硬币的另一面"——消极暗示

潜意识对信心也会造成不好的影响,那就是负面思维带来的消极暗示。我们可以想到,潜意识的消极破坏性意念冲动与积极建设性意念冲动一样,都会随时做出与意念同等的实质反应。也许这就是数百万人经历的所谓"不幸"或"倒霉"的奇特现象的原因。

相信每个人都会有这样的体验:身边总有那么一些人相信自己"注定"贫穷失败,因为他们认为有一种无法控制的神奇力量在左右着自己,总觉得无论做什么都不会有好的结果。其实他们的想法才是创造自己"不幸"的元凶,因为他们内心的消极意念影响了潜意识,从而导致了他们内心的消极暗示,最终影响了他们的行为。

在这里我要再次说到关于我儿子的事情。当初由于我让儿子进行听和说的欲望过于强烈,因此我向他撒了一个"善意的谎言",其实这个谎言并不是要欺骗儿子,而是要欺骗他的潜意识。因为我很清楚,信心或信念决定着潜意识的活动,当通过自我暗示向潜意识下达命令时,没有任何东西能阻止你"哄骗"自己的潜意识。一个人在期望或深信不疑的状态下,变化真的会发生,我正是这样哄骗了儿子的潜意识。

人的潜意识接到的任何命令,只要是在自信或有信念的情况下传达的,它都会以最直接、最可行的方式来执行,并把它转化为实质的对等物。要使这种"哄骗"更加真实,在你召唤潜意识时,不妨表现得仿佛自己已经拥有了梦寐以求的东西一样。

积极情感支配下的精神最有利于产生积极的心态,也就是信心。以这种方式支配的精神,可以随意地对潜意识发号施令,潜意识会立即接受并采取行动。所以,我建议每一个人都要做好准备,通过亲身体验或行动,去获得将信心与任何传达给潜意识的指令相结合的能力。

同时,我们也要学会抑制、排除消极负面情感,从而避免负面情感对潜意识造成的负面影响,努力去激发积极情感以支配精神动力,这是我们走向成功的最基本的态度。

第四节　自我暗示的神奇力量

我们都知道,如果一个人不断地对自己重复同一件事,那么无论这件事是真是假,最终我们都会相信它。正所谓谎言重复千遍,也会变成事实,其中的奥秘就在于自我暗示。一个人如果有意识地在自己心中灌输一种意念,再结合一种或多种情感,必然会形成强大的推动力,从而指引、控制他的每个举止、表现和行为。

在我们成长的过程中,经常被别人教育要对这、对那"有信心",但却很少有人能告诉我们怎样才能拥有信心。即便我们已经知道了"信心"是可以通过自我暗示引发的一种心态,但对于具体应该如何去做,可能还是一头雾水。

那么,在这里我要教大家一个最简单、最容易操作的方法,让大家学会如何去自我暗示,如何去学会相信自己。

开始之前,不妨再一次提醒自己:信心是成功的催化剂,它赋予意念冲动以生命、力量和行动!

然后,我们要将下面的句子读上两遍、三遍、四遍,而且应该大声朗读!

信心是积累财富的起点。

信心是世界上一切"奇迹"以及科学原理无法解释的奥秘的基础。

信心是对抗失败的唯一武器。

信心是一种超能力,能把人类脑中的意念转化为强大的精神力量。

之所以要让大家把以上这些句子大声地朗读出来,是因为自我暗示的神奇力量就隐藏在这些原则之中。读懂了这些句子,我们就能够真正了解自我暗示究竟是什么,它能带来什么。

在我看来,人的大脑会不断与内心的意念产生"共振",人们脑中的任何思想、观念、计划或目标,都会吸引大脑中类似的意念,并将这些"同类"和自身力量合并、成长,直到成为足以影响人们行为的信心。自我暗示就像一粒种子,在心灵的土壤里生根、发芽、成长,并不断繁衍,直到原来的小种子成为不计其数的同类种子,最终占据我们的心灵。

我们不妨回到起点,去了解如何将观念、计划或目标的原始种子种在心里。这个过程其实非常简单:任何观念、计划或目标都可以通过无数次意念活动深植于心。所以我让你写出主要目的或确定的首要目标,以便你能牢记它,日复一日,大声重复它,直到这些声音的震波到达你的潜意识。

如果你对自己内心的负面情绪做过总结,你就会发现,人们最大的弱点就是缺乏自信。借助自我暗示的原则,这种心理障碍就可以克服,怯懦也可以化为勇气。这一原则的应用可以通过一个简单的过程实现,也就是把积极的意念冲动写下来,熟记、背诵,直到它成为你潜意识的一部分。

而我们所做的这一切,目的只有一个,那就是让你抛弃一切逆境的影响,重建自己的人生秩序。

第五节 获取自信的秘密

了解了以上有关信心和自我暗示的规律之后,我们不妨做一个小小的总结,来帮助自己寻找获取自信的秘密所在:

第一,我完全有能力实现人生中的明确目标。因此,我要求自己坚持到底,永不言弃,我发誓要把这种力量变成行动。

第二,"看到,就能做到。"心中的强烈意念终会以外在、实际的形式表现出来,并逐渐转化为实实在在的事实。因此,我每天要花30分钟集中意念,想象自己理想中未来的样子,从而在心中形成一幅清晰的图像。

第三,我知道,通过"自我暗示"原则,我心中任何积存已久的愿望都完全有可能成为现实。因此,我每天要花10分钟,通过自我暗示去培养自信心。

第四，我已经清楚地写下一生中确定的主要目标，我一定要不断努力，直到培养出实现目标所需的足够自信。

第五，我完全明白，只有建立在真理与正义的基础上，才能使自己的财富事业持久发展，因此，我绝不去做有损他人利益的事。我要依靠自身的力量以及与别人的合作，实现成功。因为我愿意为他人服务，别人也将乐于为我服务。我会摒弃仇恨、嫉妒、自私和讥讽，我要对别人奉献一份爱，因为我知道，用消极的态度对待他人，我将永远不会成功。我会信任他人、信任自己，从而换取他人对我的信任。

我相信这个秘诀的背后有着神奇的力量和法则，我要在这份自信的秘诀上签名，并把这一秘诀铭记于心，每天背诵一次。我深信，它将逐渐影响我的思想和行为，使我成为一个自信和成功的人。

如何命名这个秘诀并不重要，重要的是，我们要记住它是一把双刃剑。如果本着积极的态度去应用它，那么它会给人们带来荣耀与成就。反之，如果消极地应用它，它随时都会造成毁灭。这句话中蕴含着一个意味深长的事实，即任何在挫折中倒下，并且在贫穷、不幸和痛苦中度过一生的人，之所以会如此，是因为他们往往倾向于消极地应用自我暗示原则，最终让内心那些消极的念头变成了现实。

如同电力转动着的工业巨轮，如果合理地使用电力，它可以做出有益的贡献；但如果错误地使用，它立刻就会夺去人们的生命。我们要牢记，根据你对自我暗示原则的理解和运用，它可能带你走向从容和富足的人生，也可能把你引向不幸、失败和死亡的深渊。如同在大海上航行的帆船，不同的操作可以在同样的风向下开出不同的方向,自我暗示原则可以把你推向高峰,也可以让你坠入谷底,就看你如何操纵"意念之帆"了。

消极思考的弊端就在于,人的潜意识是区分不出积极与消极的,它完全服从于人的意识,我们向潜意识输入什么暗示,它就通过意念冲动,从而完成什么工作。潜意识可以随时把受恐惧驱使的退缩转化为事实,同样也可以立即把受到勇气或信心驱使的勇往直前转化为事实。

有这样一首诗,充分体现了自我暗示的强大力量,它可以让人登上意想不到的成就巅峰,也能够让人瞬间陷入消沉,万劫不复:

如果你觉得自己打不赢,那么你已经输了。

如果你认为你没有胆量,那么你肯定会踌躇不前。

如果你想获胜却觉得力不从心,

那么几乎可以断定,胜利必将站在对手一边。

如果你认为成功太遥远,那么你此生也无法触摸到它。

这个世界用无数事实告诉我们,

有志者事竟成,

一切都取决于你的心态。

那些出类拔萃的人,

生来就充满信心,

你心高志远,

你相信自己,

胜利总会青睐于你。

人生的赛场上,
获胜的并不是最快最强大的,
而是那些坚信自己能做到的!

第六节 唤醒沉睡的天赋

亚伯拉罕·林肯在他 40 岁之前,还一事无成。他曾是一个名不见经传的无名之辈,直到一次重大的经历闯入他的生活,才唤醒了在他的心中和脑中沉睡的天赋,为世界塑造了一位真正的伟人。那次"经历"融合了悲痛与爱,它来自安妮·拉特利奇,林肯唯一真正爱过的女人。

对于每一个人来说,我们内心深处的某个角落,都沉睡着成功的种子,如果把它唤醒,让它焕发活力,它就能把你推向你从未想象过的人生之巅。正如音乐大师能让美丽的音乐从琴弦上流淌出来一般,你也能唤醒在大脑中沉睡的天赋,让它带你到达理想的彼岸。

从某种意义上来说,"爱"的情感和"信心"非常相似。因此,爱很容易将一个人的意念冲动化为对等的精神等价物。在研究期间,我通过分析数百位杰出人物的生平和成就发现,他们中每个人的背后,几乎都有一位女性的爱在支持着他。

著名的印度圣雄甘地,没有一般传统的权力工具,如金钱、战舰、军队和战略资源,但他却凭借自己身上的神奇力量,影响了两亿人。他把他们团结起来,创造了万众一心的奇迹。这一切都要归功于甘地内心无比强大的信念和信心,他比同时代的所有人都更善于运用自身的潜能。那么,没有钱,没有家,甚至没有像样衣着的甘地,是如何拥有这种神奇的力量的呢?

其实答案非常简单,就是"信心"。

甘地的力量来自对信心原则的理解,而且通过自己的能力,他把信心移植到了两亿人的心中。除了信心,世上还有哪种力量可以创造如此巨大的成就呢?

第七节 创造10亿美元的谈话

不仅对于个人如此,信心对于企业的经营也同样无比重要,经营企业的信心同样来自对于未来的构想和意念。我们不妨回溯到1900年美国钢铁公司成立之初,来看一看个人的构想和意念是如何转变为巨额财富的。

假如你也对如何聚集巨额财富感到好奇,那么这个创造美国钢铁公司的故事将对你深具启迪作用。假如你对靠梦想致富感到怀疑,那么这个故事应该可以化解你的疑虑,因为在这个故事中,你可以清楚地看出,它应用了书中描述的大部分原则。

1900年12月12日晚上,大约八十位美国金融界精英聚集在位于第五大道的大学俱乐部宴会厅举行欢迎宴会,他们要欢迎的是一位来自遥远西部的年轻人查尔斯·施瓦布。当时没有几个人意识到,他们即将目睹美国工业史上最有意义的一次转折。

在此之前,J. 爱德华·西蒙斯和查尔斯·斯图亚特·史密斯到匹兹堡访问，受到了查尔斯·施瓦布的热情款待。这次晚宴是他们特意欢迎施瓦布来访而举办的，目的是要向东部银行界介绍这位年仅38岁却才华横溢的钢铁业人士。

不过，晚宴开始之前，他们还是向施瓦布阐明了"入乡随俗"的道理，因为在当时的纽约，本地的金融巨头们习惯了高高在上，他们可能并没有兴趣听这位来自西部的年轻人的长篇大论，因此施瓦布被建议最好把演讲的时间控制在15~20分钟之内。

事实上也确实如此，因为即使当时坐在施瓦布右侧以示对施瓦布尊重的约翰·皮尔庞特·摩根原本也只打算做短暂停留，只是碍于面子来走个过场。这次晚宴也并没有引起新闻媒体界的重视，甚至第二天根本就没有任何相关的新闻和报道。

宴会过程中，因为宴会主角知名度有限，没有几位银行家和经纪人见过施瓦布。虽然他的事业已在莫诺加和拉河（Monongahela）沿岸蓬勃发展，但是竟没有人了解他，因此话题也很有限，宴会期间人们很少交谈。直到桌上的七八道菜吃得差不多了，大家也都做好了离开的准备时，施瓦布才开始了他的宴会发言。

虽然当晚施瓦布在晚宴上的一席话并没有留下任何媒介的记录，但对于当时在场的几十位亿万富翁来说，这次演讲堪称"直击心灵"。虽然施瓦布的演讲很平淡，就像是朋友间的交谈那样娓娓道来，但话语中所透露出来的想法，却有着一股如电流般强大的力量和效果。他的发言远远超出了宴会主人当初建议的时间，足足讲了一个半小时，但是结束之后，

第三章 信心就是一切

在场的所有人依然意犹未尽。特别是摩根先生，他拉着施瓦布来到窗下，两人坐在并不舒服的高脚椅上，又谈了一个小时之久。

施瓦布在演讲中淋漓尽致地展现了其个人魅力，但更重要并且影响更深远的，是他头脑中为美国钢铁公司制定的完整、清晰的计划和发展蓝图。

在摩根看来，施瓦布在1900年12月12日晚上的谈话毫无疑问地传达了一个保证，至少也是一个建议，即庞大的卡内基企业可以纳入摩根旗下。他谈到全世界未来对钢铁的需求，谈到效率的重组，谈到专业化，谈到削减不景气的工厂和集中发展蓬勃产业，谈到矿砂运输的成本节约，谈到管理和行政部门费用的节约，还谈到掌握海外市场。原本迷茫的摩根通过施瓦布的这番谈话找到了摆脱困境的答案。

除此之外，他还指出了在座的人当中一些商业海盗惯常掠夺行为的错误所在。施瓦布推断，他们的目的不外乎就是形成垄断，哄抬价格，利用特权为自己赚取丰厚的利润。施瓦布强烈谴责了这种做法。他告诉听众，这种政策的缺点在于，在一个开拓的时代，它反而限制了市场的发展。施瓦布认为，通过降低钢铁成本，可以创造一个不断扩充的市场；还应开发钢铁的多种用途，从而在世界贸易领域占据优势地位。事实上，虽然施瓦布还没有意识到，但他主张的正是现代的大规模生产。

在当时，钢铁行业呈现出"多而小"的局面，众多小型的钢铁公司各自为战，竞争激烈。也曾有很多人想吸引摩根继饼干、电缆、糖、橡胶、威士忌、石油或口香糖等领域的合并后，快速合并一个钢铁托拉斯。其中投机商约翰·盖茨曾极力怂恿，但摩根不信任他。芝加哥的股票经纪人莫尔兄弟、比尔和吉姆，曾合并过一家火柴托拉斯和一家饼干公司，但在钢铁行业的整合上也遭到了失败。虚伪的乡村律师艾伯特·加里，也想促成这件事，但他的分量还不足以引人注意。最终，是施瓦布的雄辩征服了摩根，让他看到了最具风险的金融事业的坚实基础。这项计划被人们视为"财富狂想家的狂妄梦想"。

其实，关于钢铁行业的合并行为早在几十年前就出现了，被称为"商业大盗"的约翰·盖茨试图吸引数千家小型或者经营不善的公司，合并为大型且具有压倒性竞争力公司的金融巨头。在钢铁行业，盖茨已将一连串小公司合并为美国钢铁与电缆公司。他还与摩根共同创建了联邦钢铁公司，但是和以安德鲁·卡内基为首，由53位合伙人拥有、经营的庞大垂直托拉斯相比，其他那些合并的公司简直是小巫见大巫。

摩根非常清楚，那些小公司可以尽情地合并，但即使如此，它们也丝毫不能削弱卡内基的势力。而卡内基同样也清楚这一点。他站在壮观的施基伯古堡（Skibo Castle）高处，看着摩根的小公司跃跃欲试地想侵入自己的事业版图，最初感到很有趣，后来却变成了憎恨。当摩根的企图变得越来越明显时，卡内基内心充满了愤怒和报复情绪。他决定采取行动来反击对手。此前，他从未对电线、管道、电缆或板材有过任何兴趣。他只满足于把生钢卖给那些公司，让它们将原料制成自己想要的成品。现在，有了施瓦布这位得力干将，他打算将自己的财富之手伸得更远一些。正如一位作家所说，

第三章 信心就是一切

一个没有卡内基的托拉斯,就不能称其为托拉斯,就像干果布丁上缺少了干果一样。

而对于摩根来说,那次晚宴结束后,他回到家中,思考着施瓦布提出的美好展望。宴会上的其他人则回去继续守着他们的证券报价机,等待着下一个行动。表面上看起来一切都很平静,然而暗地里,一场巨变正在悄悄酝酿。

摩根大约花了一个星期的时间来回味施瓦布在宴会上摆在他面前的理由。当他确信结果不会对财务造成任何不良影响时,他决定派人去请施瓦布来进一步磋商。这一举动在当时其实是比较敏感的,因为施瓦布作为卡内基最信任的公司总裁,如果与竞争对手摩根走得太近,无疑会给卡内基带来不好的影响。后来经过中间人约翰·盖茨的斡旋,施瓦布以其他借口来到了纽约,出现在摩根的书房。

如今的一些经济史学家宣称,他们认为表面上看起来由施瓦布主导的这次产业大合并,其实是卡内基暗地里一手导演的,包括施瓦布在晚宴上的著名的谈话,到施瓦布来到纽约和摩根的会谈。然而事实正好相反,当施瓦布被请去完成这项交易时,他甚至不知道卡内基是否会同意出售手下的钢铁产业,尤其是卖给一群卡内基一直以来鄙视的对手们。

但是,施瓦布去纽约与摩根展开商谈时的确带着卡内基亲笔写下的一些数字,那些数字代表了他的心目中,每个钢铁公司的实际价值及获利潜能。他把这些公司视为新金属业星空中闪亮的明星。四个人在摩根的书房里彻夜研究这些数字,为首的当然是摩根,他对金钱的神圣权利坚信不疑。陪同他的是他的贵族伙伴,罗伯特·培根,他是位学者,也是

个绅士。第三位是约翰·盖茨,摩根讽刺他为投机商,却用他如工具。第四位就是施瓦布,他对钢铁制造和销售有着旁人无法比拟的深入和透彻的了解。

这次商谈从头到尾都是在施瓦布的主导下进行的,他带来的数字从未被质疑过。假如施瓦布说一家公司值多少钱,那它就只能值那么多。他还坚持只并购自己指定的公司。按照他构想的合并,不应该有重复设置,一切都要以行业优化和利润最大化为原则,不能掺杂任何私人的利益和关系在里面。

一夜长谈之后,四个人几乎都筋疲力尽了。黎明时分,摩根站起来,伸了个懒腰,盯着施瓦布说出了自己心中的最后一个问题:

"你认为你能说服安德鲁·卡内基卖掉他的公司吗?"摩根问。

"我既然来了,这件事我一定会努力去促成的。"施瓦布说。

"假如你能说服他出售,我这边没有任何问题。"摩根对施瓦布的回答很满意。

虽然这次彻夜长谈非常顺利,但最关键的问题在卡内基身上还是一个未知数。大家并不知道卡内基是否愿意出售手里的那些钢铁企业,也不知道他会要求多少出价(施瓦布认为大约是3.2亿美元),以及他会接受何种付款方式,普通股还是优先股?债券?现金?在当时,没有人能筹募到3亿多现金。

一个月之后,在西切斯特的圣安德鲁斯高尔夫球场霜冻

第三章　信心就是一切

的石南荒地上，施瓦布和卡内基打了一场高尔夫球。卡内基全身裹着毛衣御寒，施瓦布和往常一样，滔滔不绝地讲话，以振作精神。虽然两个人知道所要共同面对的合并与收购问题相当重大，但仿佛达成了某种默契一般，谁都只字未提并购的事情。

最后两个人来到附近的卡内基农庄，坐在了温暖舒适的房间里。施瓦布拿出了晚宴上说服80位百万富翁的口才，把他的美好构想和盘托出，包括舒适的退休生活和数不清的财富，以满足老人的社交构想等承诺。在这样优厚的条件下，卡内基最终被说服了。他在一张纸条上写下一个数字，交给施瓦布，说："好，这就是我们要卖的价钱。"

这个数目大约是4亿美元，是以施瓦布提出的3.2亿美元为基础，再加上预计未来两年约八千万美元的增值确定的。

几年后，在一艘横渡大西洋的客轮甲板上，这位被人们推崇为成功大王的老人谈起这次并购，不无懊悔地对摩根说："早知道当初应该向你多要1亿美元。"

"但是当初你并没有说出来呀，如果你说出来，你现在早就得到那1亿美元了。你不说我又怎么能给你呢？"摩根愉快地回答。

施瓦布的这番话引来了甲板上的一阵哄笑，在当时并购事业已然尘埃落定的情况下，这番话大家也只能当作玩笑来对待了。当时一位英国记者报道说，外国的钢铁业被这个大规模并购"震惊了"。耶鲁大学的校长哈德利则宣称，如果不立即规范托拉斯行业垄断行为，在"未来25年内，华盛顿将会诞生一个皇帝"。但是，这一切都没能阻止并购之后钢铁行业的强势发展。精明的股市操纵者基恩将新股强劲地推向了大众，以致新公司的所有虚值——有人估计约为六亿美元——一眨眼间便被投资者所吸纳了。就这样，无论是卡内基，还是摩根财团，以及参与此次并购的所有人，都如愿以偿地得到了自己想要的财富回报。

而38岁的施瓦布不仅获得了他的那一份财富，同时也被任命为合并之后新公司的总裁，成为新的钢铁行业掌舵人。

第八节　思想创造财富

这个钢铁行业的大规模并购事件是一个绝佳的例证，它展示了将欲望和构想变为实际等价物的方法。

很难想象，如此宏大的并购事业，最初仅仅是产生于施瓦布头脑中的一个小小的念头。但他却在这个小小的念头的支撑下，构思出一个庞大的钢铁行业组织，这个组织合并了其他钢铁厂，带来了财务稳定。这个计划同样诞生在这个人的心里。他的信心、欲望、想象力、毅力，是成就美国钢铁公司的真正要素。在公司合法成立后，虽然它所获得的钢铁工厂和机械设备是附带的，但是经过仔细分析，人们就会发现一个事实：只将各厂合并而置于统一管理之下的这项措施，就使公司收购的各厂的财产价值增长了约六亿美元。

换句话说，查尔斯·施瓦布的这个小小的念头，加上他把这一构想传达给摩根及其他人的信心，创造了大约六亿美元的财富。相对于一个小小的念头来说，这绝对是一个天文数字了。

此后,摩根在美国的钢铁公司事业兴旺,成为美国最富有、最强大的公司之一。它雇用了数千名员工,研发钢铁的新用途,开辟新市场。事实已经向我们证实,施瓦布的构想所创造的财富,已经远远超过了6亿美元这个数字。

可见,人的思想真的可以创造财富!最初的念头在信心的强大助力下,可以解除一切所谓"不可能"的限制!归结到我们每一个人身上,那就是无论何时何地,都要记住思想可以创造财富,要敢于去想,勇于去实践。如果能成功地做到这一点,你就可以如愿以偿地实现自己的财富梦想。

第四章
自我暗示的神奇力量

第一节　自我暗示——走向财富的第三步

造物主创造了人，又给了人类五种感官，所有的暗示和自行实施的刺激，通过五种感官而到达大脑，都可称为"自我暗示"。换一种说法，自我暗示就是对自己的暗示。它是一种沟通的媒介，介于产生意念的意识部分与产生行动的潜意识部分之间。

虽然每个人都可以完全控制到达潜意识的内容，但并不意味着每个人都能从容地应用这种控制力。相反，在大部分实例中，人们并没有应用它，这正是很多人终生贫穷的原因。

因为我们必须意识到，通过一个人的意识产生的主导意念（无论是消极的还是积极的都并不重要），自我暗示的原则会自动将这些意念传达给潜意识，并对它产生影响。

换句话说，潜意识就像一片沃土，如果没有种上你想种植的作物种子，那么杂草就会肆意丛生。自我暗示其实就是一种自我控制，通过它，个人可以根据意愿在潜意识中种下创造性的意念；也可能由于疏忽漠视，而任由破坏性意念在这片心灵的沃土中生长。

第二节 体验财富梦想成真的感觉

大家一定还记得，在第二章里，我们讲到六个步骤的最后一步是每天把自己写下的梦想大声朗读两遍，朗读你对金钱的欲望，并且想象、体会财富梦想成真的感觉！按照这些建议，你就能以充分的自信，直接将欲望目标传递给潜意识。如果你能够坚持不断地重复这一过程，你就会自动形成化欲望为财富的意念习惯。

我们不妨再回顾一下第二章提到的六个步骤，再把它们仔细地读一遍。然后你会发现，这些要求和应用自我暗示原则有关。我们一定都有这样的体会：平平淡淡、毫无感情的字句影响不了潜意识。如果不将充满激情和信心的意念或有声文字注入潜意识，那么你就不会得到期望的结果。

因此要记住，在大声朗读你的欲望时，必须要融入自己的情感和情绪，只有如此，才能真正培养起自己的"财富意识"。这一点非常重要，所以有必要在本书中重复提到，因为大多数人正是缺乏对这一点的了解，所以在利用自我暗示原则的时候，达不到预期的效果。

当然这并非一件容易的事情，如果你第一次尝试时无法成功地掌控和指挥你的情绪，也不要气馁。因为从另一个角度来说，欺骗自己的确很难，虽然我们是要运用这样的手段获得影响潜意识的能力，但也必须要付出坚持不懈的代价。无论在什么事情上，如果不付出足够的代价，那么永远也不可能得到你想获得的能力。况且，财富意识这座宝藏，完全值得我们去全力付出和奋斗。

如果我们想要成功地"骗"过自己的潜意识，从而拥有使用自我暗示原则的能力，那么能否成功，在很大程度上就取决于你能否专注于已有的欲望，能否真的为自己内心的梦想而魂牵梦绕。

第三节　专注原则

当我们一步步实施自己的潜意识培养计划时，如何让自己专注于自己的欲望和梦想则是非常重要的。

例如，当你开始实施六个步骤中的第一步时，即"在心中确定你想得到的财富准确数目"，我们必须调动起自己的全部专注力，用专注力将意念集中在那个数目上，或者闭上双眼以集中注意力，直到你能真切地看到那笔钱的样子。这样的努力我建议大家每天至少重复一次。

在大家做以上练习的时候，要牢记"看到就能做到"的原则，想象自己真正拥有了那些钱。因为我意识到一个重要的事实：潜意识会接受任何在绝对自信状态下传达给它的指令，当然这些指令经常需要通过反复强化，一遍一遍地告诉自己，潜意识才能接受。基于这个原则，我们可以考虑对潜意识要个合理的"小把戏"，用你的深信不疑来使潜意识相信,你一定会拥有你所看到的财富,相信这笔属于你的财富正等着你来认领。如此一来,潜意识自然会拱手把具体的计划送给你,以便你去获得属于你的财富。

当然,我们不要试图等计划明确出现后,再根据计划以提供服务或卖出商品的方式获取想象中的财富,而是应该在一开始就坚信自己坐拥这些财富,同时要求、期待潜意识提出一项或多项计划。当潜意识中的计划出现时,它们可能通过第六感,以"灵感"的形式"闪"入你的内心。要重视它,同时在感受到它时,立即做出回应。一旦自己的潜意识中闪现出实施计划的灵感,就要立刻付诸行动,丝毫不能耽搁。

这样的做法其实就是把你头脑中的想法和思想传达给想象力,看看你的想象力会做出什么反应,进而迸发出新的灵感和想法,从而制订出积累财富的可行计划。

我们再来看六个步骤的第四步,要求"制订一个实现梦想的明确计划,然后立刻开始执行"。你在实施这一步骤时,仍然要秉承前面所说的态度,不能用平常的计划制订方法去实施,而是要试着看到自己正为得到这笔财富在提供服务或卖出商品。表面上看起来这并不是一个"理智"的做法,但事实上,你的理智有时会怠惰,如果完全依赖它,可能会令你失望。

因此,我们在制订出积累财富的计划时,仍然要对自己施加足够的暗示,让自己潜意识里相信这个财富计划已经是在顺利实施中,这一点非常重要。

第四节　潜意识需要不断强化

结合我们所说的潜意识自我暗示法，我们可以这样制定自己的潜意识强化方案：到一个不会被干扰或打断的地方，或者是晚上躺在床上时，闭上双眼，大声朗诵你写的那份财富声明，其中包括你想积累的财富数量、时限以及为得到这笔财富打算提供的服务或卖出的商品。

我们在做这件事情时，一定要想象自己已经拥有了这笔财富。

例如，你打算在5年后的1月1日积累5万美元，而且你打算以销售人员的身份，通过自己的努力推销以得到这笔钱。那么，你的自我目标声明应该这样写：

在××年1月1日前，我会拥有5万美元。在此期间，这笔钱将以不同的数额和间隔自动打入我的银行账户。

我会尽自己最大的努力去得到这笔钱，作为一名销售人员，我会向我的客户提供尽可能多和最优质的服务，具体我会秉持某某原则，等等。

我坚信我将会得到这笔钱，它的到来只是时间问题，我几乎可以看到和摸到这笔钱。为了得到它，只要我付出努力提供最优质的服务，它就会立刻转化为同等比例的财富。我在等待一个可以获得这笔财富的计划，一旦计划出现，我将立刻行动。

最后，还有很重要的一点：把这份声明放在早晚都能看得到的地方，并且在睡觉前和起床后朗读，直到你能看见（在想象中）自己想要获得的财富。

一开始的时候，这些要求可能看起来有些别扭和不可理喻，但是不要因此受到干扰。不管一开始你对于这样的做法有怎样的评价，甚至是觉得它有点蠢，但都不要多想，只管按照要求做就是。

当你按照这些要求做的时候，其实就是在应用自我暗示原则，目的在于给你的潜意识下达命令。还要记住，潜意识只会对情感化的指示和"用心"传达的指示起作用。只有你真正做到了这一点，才能发自内心地建立起自己对于财富梦想的信心。

假如你在精神上和行动上都能按照指示去做，那么你距离你的财富梦想就会越来越近。

第五节　智力的奥秘

人与生俱来的好奇心会使得我们一开始对所有的新观念都持怀疑态度，这是人的天性，无可厚非。但是，如果遵循上述做法，你会用最快的速度克服内心深处的怀疑念头，并且用信念取而代之，而且接下来很快会转化为信心。

哲学家曾说过，人是自己命运的主宰者，但他们大多没有解释清楚为什么人是自己的主宰。在这里我想要说的是，人可以成为自己的主宰，成为自己所在环境的主宰，是因为

人具有影响自己潜意识的力量。

自我暗示是一种切实可用的途径和方法,通过它可以触及并影响潜意识。将欲望转化为财富的实际过程中,会涉及自我暗示原则的应用。其他方法只不过是运用自我暗示原则的工具。记住这一点,不论何时你都能深刻体会到自我暗示原则在财富积累过程中所起的重要作用。

我的建议是,读完全书后,不妨再回到这一章,用心和实际行动来遵循以下指示:每天晚上大声朗读这一整章,直到你完全相信"自我暗示"原理是完全可靠的,并且深信它会帮助你实现一切梦想。朗读的时候,在每个对你有帮助的重要句子下面用铅笔画线。

严格地遵照以上指示,你就能完全理解并掌握财富积累的法则。即便是你暂时遭遇了挫折和失败,也要坚信:失败和逆境必将酝酿出更多的机会。

第五章
不要忽略专业知识

第一节 运用知识——走向财富的第四步

通常来说，知识分为普通知识和专业知识两种。普通知识无论有多么丰富或广博，与积累财富似乎都没有太大的关系。例如，著名大学的各个科系，应该说真正聚集了人类文明史上的各种普通知识，但这并不代表所有的大学教授都是亿万富翁。从另一个角度而言，传授知识与组织或运用知识是两码事。

只有那些善于将知识组织起来并运用到切实行动中的人，才能够运用知识帮助自己朝着自己的财富梦想迈进。人们常说"知识就是力量"，但他们忘了，只有运用到实际经验中的知识才具有活力，才具有吸引力。知识只是潜在的力量，能否展现出来并为人们所用，要看人们是否懂得运用知识。

而只有当明确的行动计划和明确的目标相结合时，知识才能成为力量。这也是目前教育机构并没有意识到的一个教育"缺陷"。例如，很多人错误地认为亨利·福特只受过很少的"学校教育",因此他一定是一个少"教"的人。实际上,犯这种错误的人不明白"教育"一词的真正含义。"教育"一词来自拉丁语"educ",意思是知识由内向外推演、产生和发展。

受过教育的人未必就是拥有丰富的普通知识或专业知识的人,高学历只能代表他的心智可能得到了充分地拓展。只有那些善于运用知识的人,才能说他真正掌握了知识。

第二节 得到财富青睐的"无知"者

第一次世界大战期间,曾发生过这样一件令人啼笑皆非的事情:当时,一份芝加哥报纸在社论中称亨利·福特为"无知的和平主义者"。福特先生对于这一称谓非常愤怒,他正式起诉该报纸诽谤他。这一事件引起了轰动,而报社一方也派出律师进行辩护,试图证明福特确实是一个"无知"的人。

该案在法庭上审判时,报社律师在辩护中让福特本人走上了证人席,准备通过提问向陪审团证明福特的无知。律师"精心"为福特准备了各式各样的问题,所有问题旨在证实:虽然福特可能具有相当多关于汽车制造的专业知识,但就整体而言,他却是无知的。

福特在法庭上所受到的刁难在以下几个问题中可见一斑:"本尼迪科特·阿诺德是谁?""1776年,英国派遣多少士兵到美洲平息叛乱?"回答后一个问题时,福特先生说:"我的确不知道英国到底派了多少士兵,但我听说,派去的数目要比回来的数目大得多。"

终于，福特被律师提出的一连串莫名其妙的问题烦透了。在回答一个颇为无礼的问题时，他身体向前倾，用手指着发问的律师，说："如果我真想回答你刚刚提出的这个愚蠢的问题，或者刚才你问我的那些问题，那么我告诉你，我的办公桌上有一排按钮，我只需要按下一个按钮，就立刻能找来专业人士协助我，让他们回答我提出的任何有关我事业上的问题。现在，能否请你告诉我，当我身边随时有人能提供我所需的任何知识时，我为何要在脑子里塞满一堆普通知识，而专门用来回答问题？"

福特的回答可谓滴水不漏，一下子难住了报社律师。最终，法庭上的所有人一致认为，能够做出这样回答的人，绝非无知之辈，而是一位有识之士。

可见，真正有学问的人，并不是无所不知，而是知道在需要时，应该从哪里获取知识，也知道如何把知识组织起来，形成明确的行动计划。依靠自己的"智囊团"，亨利·福特几乎可以运用所有他需要的专业知识，而并非掌握这些知识，这一能力使他成为美国极富有的人之一。

第三节 "运用"比"掌握"更重要

很多时候，当我们在朝着自己的财富梦想前进时，会发现积累财富所需要的知识远远超过了自己所能掌握的范围，如我们需要具备某种服务、商品或职业等方面的专业知识，

才能获取财富。然而这些专业知识并非是一朝一夕可以获得的,此时我们不妨效仿福特先生,通过自己的"智囊团"来弥补自身的不足。

毕竟,积累财富的力量来自对专业知识的充分组织与合理运用,而不是一定要具备这些知识。

更何况,并非所有人都接受过必要的"教育"来提供自身所需的专业知识,但他们同样有着宏伟的财富梦想。对于这些人来说,前面的内容可以给他们以希望和鼓舞。现实生活中有些人因为没有受过"教育"而终身自卑。其实,如果一个人懂得组织、领导一个掌握致富专业知识的"智囊团",那么他本人就和这个群体中的任何一员同样有知识。

托马斯·爱迪生一生只受过三个月的学校教育,但他并不是没有知识,他更没有死于贫困。

亨利·福特在学校还没有上到六年级,但他却通过自己的努力,在经济上取得了惊人的成绩。

事实上,专业知识是可以获得的最丰富、最廉价的服务形式。如果不相信,不妨去查阅任何一所大学的工资单。

第四节 知识从何而来

在我们把知识转化为财富时,首先要明确你所需要的专业知识是什么,以及需要它的目的是什么。在很大程度上,你的人生的主要目的,你为之奋斗的财富梦想,会帮助你确定所需的知识。这个问题确定之后,下一步就要求你准确了

第五章　不要忽略专业知识

解知识的可靠来源。其中，非常重要的来源包括：

（1）最基础的教育和社会经验；

（2）通过与他人合作，可以拥有的实践经验和知识；

（3）大学以及其他高等职业院校；

（4）公共图书馆之类知识聚集的场所；

（5）夜校和函授等业余培训课程。

通常我们在获取知识时都有着确切的目标，或者是通过某个可行计划，将知识加以组织、利用。如果不是为了某个有意义的目的而获取知识，那么知识本身根本毫无价值。

因此，如果你想进一步获取知识，第一步就是要确定获取知识的目的，然后了解从什么可靠的地方能得到这种知识。

我们可以留意身边那些各行各业的成功人士，他们总是不停地进行学习和充电，以获取与他们的主要目的、业务或专业相关的知识。而那些未能取得成功的人，往往错误地认为，离开学校后，对知识的追求就可以停止了。其实，学校教育只是最基础的知识积累，完全是为未来获取实用知识而铺垫道路而已。

当今社会是一个高度专业化的社会。哥伦比亚大学就业中心前任主任罗伯特.P.莫尔在一则新闻报道中强调了这一事实。因此，这个时代最受欢迎的就是那些专业领域的人才。用人公司尤其需要在某一领域有专攻的人才，如受过会计学和统计学培训的商学院毕业生、各类工程师、新闻记者、建筑师、化学家，以及优秀的领导者和具有活动能力的高级人才。

那些积极参加学校活动、为人随和、交友广泛、学业进取的学生，与那些读死书的学生相比，有着绝对的优势，这一点是显而易见的。这样的学生往往会在毕业时成为各大企业的"抢手货"，甚至有的学生在毕业前已经得到了几个职位选择，有的甚至有多达6个职位可供选择。

曾有一家大型实业公司的领导者在给摩尔的信中谈到了未来的大学毕业生问题。他说："我们的主要兴趣是寻找那些在管理上有突出能力的人才。因此，我们看重的是个性、智力和人格素质，而不是特定的教育背景。"

结合这种观点，摩尔建议设立一种"实习制度"，即让学生在暑假走向社会，到办公室、商店和各个实际岗位上进行实习。他认为，经过两三年大学学习后，应该要求每个学生"选择一门面向未来的课程，防止学生满足于非专业课程的学习，流于惰性"。

摩尔说："所有的高等院校都必须面对这样一个事实，即各个领域现在需要的都是具备专业知识的专门人才。"对那些需要接受学校专业教育的人来说，最可靠、最可行的求知途径是多数城市中开设的夜校。全美只要邮件能送达的地方，都设有提供专业培训的函授学校，课程覆盖能进行函授教学的所有科目。函授学习的一大优势是它的灵活性，学生可以在业余时间学习；此外，函授学校的另一个优势是，函授学校可以提供咨询便利，这对那些需要专业知识的学生乃至已经工作的人们有着十分重要的意义。无论你住在何处，只要你想学习新的知识，都可以很便捷地从中受益。

第五章　不要忽略专业知识

第五节　学费的启发

在这个世界上，凡是那些不经过努力、不付出代价就得到的东西，都无法给人带来成功的愉悦和荣誉，因此也得不到人们的珍惜。我认为这也正是许多人在公立学校的大好机会中收获甚微的症结所在。那么，怎样才能让人们意识到知识的价值并且珍惜他们的学习机会呢？

45年前，我从自身经历中找到了答案。当时，我申请了一项在家学习的广告函授课程。上完8次还是10次课之后，我停止了学习，但学校还是给我寄来了账单。而且，不管我是否继续学习，学校坚持让我缴费。

虽然当时我并不想继续这门课程，但学校的收款制度组织得真是太严密了，我必须按时缴纳我的学费。正因为钱已经交过了，所以我觉得我必须对得起所花的钱，于是我就把这门课程继续学完了。我在以后的生活中认识到，那是我接受的最有价值的培训。

因为必须缴学费，所以我继续完成了课程。虽然我不情愿地接受了广告课程的培训，但后来我在生活中发现，那个学校的高效收款制度有着异乎寻常的意义，因为在这样的学习模式下，一个人可以做到自律，在某种程度上弥补在免费获得知识的时候浪费机会。

在缴费的作用下，学生不论成绩优劣，都会读完全部课程，否则有些学生可能会中途辍学。函授学校从不过多强调这一点，因为它们的收费部门在决策、速度和善始善终的习

惯上，为学生做出了最好的培训典范。

第六节 专业知识之路

虽然美国拥有据说是世界上最先进的公立学校制度，但这并不代表美国的学生是世界上最勤奋的。恰恰相反，人类在这件事上表现出了很奇特的一面，那就是他们只珍惜那些需要付费的东西。

例如，美国的免费学校和免费图书馆并不吸引人，因为它们是免费的。这就是许多人在学校时并不珍惜学习机会，而在毕业工作后却愿意专门花钱去接受再教育的主要原因。而企业的领导也相当支持自己的雇员进行在职学习，因为根据经验，他们知道，任何一个愿意牺牲业余时间并且花钱去学习的人，他的身上通常具备做领导者的素质。

而那些不想继续学习的人有一个致命的弱点，那就是不思进取！那些愿意付出时间和金钱进行再教育学习的人，尤其是那些靠薪水生活的人，很少会满足于久居低层职位。他们的行动为自己开辟了一条晋升之路，清除了前进道路上的障碍，赢得了有权给予他们机会的人的青睐。

我的一位朋友斯图亚特·奥斯汀·威尔原来的专业是建筑工程，他也一直从事这个职业。后来，美国经济进入大萧条时期，经济限制了建筑行业市场，他无法再获得所需的收入。这时他分析了自身的条件，决定改行从事法律工作。于是他重新回到学校，接受专业的教育，使自己具备了做一名企业律师的资格。完成学习并通过了律师资格考试之后,威尔很快开设了收入丰厚的律师事务所。

读到这里,也许有人会说:"我还要养家糊口,没有足够的时间,因此无法回到学校继续学习。"或者"我年龄太大了,已经过了学习知识的阶段。"在此,我可以明确地告诉大家,威尔重回学校时,已经过了不惑之年,而且他也要养家糊口。此外,由于威尔在各大学讲授的科目中挑选了高度专业化的课程,所以他在两年内就完成了大部分法律专业学生要用四年才能完成的学业。

所以,掌握获取知识的途径意义重大,只要你愿意去学习,那么所有的困难都不足为惧。而这些付出时间和金钱所得到的专业知识,对于财富梦想的实现有着极大的帮助。

第七节 简单的想法也能带来财富

我们在这里通过一个具体实例来分析专业知识的重要性。

一个杂货铺的售货员因为种种原因被突然解雇了。由于他有一些财务经验,因此他又学习了相关的专业课程,掌握了最新的财务和办公知识,然后开始自己经营生意。他从以前雇用他的杂货商做起,和上百家小企业签订了合同,每月以极低的费用为他们记账。这一想法非常实用,他发现业务量提升得十分迅速,以至于他需要在轻型货车上开设一间流动办公室,后来他还在这间流动办公室里装配了现代记账设备。如今,他已经拥有了一个"车轮"上的办公队伍,并且雇用了大量助手，不仅自己的企业赚取了相当可观的财富，而且让那些小商人用最少的金钱获得了最佳的记账服务，可谓是双赢。

我们完全可以说，这个成功企业的起点其实就是一个想法。专业知识加上想象力，是这个独特而成功企业的制胜要素。去年，这位业主上缴的收入所得税，是当年被解雇时薪酬的 10 倍之多。

当初我有幸给这位失业的售货员提供了那个想法，最初是由这位售货员放弃推销，改行为"批发"记账生意所引发的。当时我提出这个帮他解决失业问题的想法时，他马上说，"我喜欢这个主意，但是我不知道怎样将这个主意变成现实。"换言之，他不知道"获取专业财务知识"以后如何利用这些知识。

这当然不是问题，在一位优秀文案的协助下，他准备了一份极有吸引力的册子，解释新的财富制度的各种优点。他将相关的说明文字整整齐齐地打印在纸上，贴在一个普通的剪贴簿内，然后用这本剪切簿来宣传自己的新业务，从而将他这种新行业的故事有效地传播出去。没过多久，这位售货员接到的记账工作已使他忙得不可开交了。

第八节 找工作的收获

有时，原本只是为个人设计的构想，也会因为种种巧合而成为新的财富机会。例如，美国有数千人需要推销专家的服务，这些专家在推销个人服务时，能提供一份极具诱惑力的宣传手册。

那么，为什么在这个行业内会形成这样的现状呢？我们要从一位年轻的妈妈说起。她最初是要为自己即将毕业的儿子设计一份个人推销的宣传手册，她为儿子设计的计划在我所见过的个人推销服务计划中是最为出色的范例。这本计划手册完成后，里面包含了50页打印精美、组织得当的内容，介绍了她儿子的天赋才能、教育程度、个人经历以及各种多不胜数的其他信息。这份计划手册中还全面介绍了她儿子渴望得到的职位，并用漂亮的文笔勾画出了为胜任这一职位而制订的确切计划。

这本手册是她和儿子历时几周才完成的。在此期间，她几乎每天都让儿子到公共图书馆查询能让自己的服务实现最大价值的资料。她还让儿子到未来雇主的竞争对手那里收集有关他们经营方式的重要资料，这对于胜任未来理想职位的计划颇有价值。计划完成后，里面提出了七八项符合未来雇主用途和利益的绝佳建议。

不得不承认，这位年轻的妈妈在这方面做得相当出色。更为重要的是，她敏锐地意识到了一个问题：并不仅仅只有她的儿子需要这样的服务，每一年都有无数的大学毕业生需要去向企业宣传和推销自己。于是，一个新生职业的构想在她脑海里渐渐浮现出来，那就是为成千上万需要推销宣传自己的人提供实用指导。

于是，史上第一个"推销个人服务准备计划"取得了立竿见影的效果，一个新的财富机会就这样被创造出来。

第九节　提升自己的起步高度

看了上面的例子，有人可能会问："找个工作为什么要这么麻烦？"

对于这个问题，我的答案是，想把一件事情做好就不能怕麻烦！那位女士费尽心思所做的计划，帮儿子在第一次面试时，就按照他既定的薪水找到了理想的工作。

此外，还有非常重要的一点就是，她的儿子从一开始，就直接担任初级主管之职，领主管级薪水。这个年轻人的有计划的求职方式，为他节约了至少10年时间，否则他就要"从最底层开始做起"。

当然，人们一向的观念是，从最底层开始做起，然后靠自己的努力慢慢往上爬。这样的观点也不无道理，但显而易见的问题是，无数从底层开始做起的人永远没有崭露头角的机会，因此他们始终待在最底层。我们还应该记住，从最底层看问题，往往会感到前途暗淡，令人沮丧，它会扼杀一个人的抱负。

很多时候，大多数人会对现状保持麻木，我们称之为"听天由命"，意思是认命。因为我们形成了日常习惯，而且这些习惯根深蒂固，使我们不再想努力摆脱它，抛弃它。这就是有必要跨越一两个级别起步的另一个原因。而且，如果我们这样做的话，会自然而然地形成关注身边事情的习惯，因而会去观察他人如何进步，发现机会，并且毫不犹豫地抓住机会。

第五章　不要忽略专业知识

"找个工作为什么要这么麻烦？"相信大家心中已经有了自己的答案。

第十节　不谈抱怨，只求付出

1930年，著名的全国冠军橄榄球队圣母队的经理丹·贺尔宾大学毕业时，正值美国经济大萧条时期，工作非常难找。因此，在投资银行业和电影业虚度了一段时光后，他接受了自己寻找到的第一个有前途的工作——以按件提成的方式推销电子助听器。

当然，这并不是丹·贺尔宾梦寐以求的工作，从某种程度上来说，丹·贺尔宾将近两年来都在干着一份自己并不喜欢的工作，这样的体会可能大多数人都会感同身受。但与大多数人热衷于抱怨和不满不同，丹·贺尔宾想到的是如何去采取措施改变现状，因为他很清楚：如果只是表达不满而不采取任何措施，那么他永远也不会超越那份工作。

首先，丹·贺尔宾瞄准了公司销售经理助理的职位，并且通过自己的努力成功得到了这一职位。跨上这一步后，贺尔宾在销售助听器的业务上创造了辉煌的纪录。正因为他从不抱怨的个性比一般人更有优势，所以能够看到更大的机会。而且，这个职位也让机会看到了他。他所在公司的对手，Dictograph公司的董事长安德鲁斯很想了解贺尔宾，这个从历史悠久的Dictograph公司抢走大笔业务的人。他把贺尔宾请来，与之会谈，之后贺尔宾成了该公司助听器部门的新

任销售经理。

后来，为了考验贺尔宾的能力，安德鲁斯离开公司到佛罗里达待了3个月，任贺尔宾在新工作中沉浮摸索。他没有沉没！纽特·洛克尼那种不服输的精神激励着他全力以赴地投入工作中，后来他被推选为公司副总裁。这个职位是多数人不辞辛苦地工作10年才能赢得的荣耀，而贺尔宾却在6个月内轻松实现了这个目标。

对于贺尔宾而言，什么人都可以从最底层的工作开始做起，但对于那些从不抱怨只付出努力的人来说，再底层的工作也会为他打开机会的大门。通过这整个故事，我想强调的重点是，不论一个人是升至高位，还是屈居低职，都取决于他对环境的控制能力，只要他想控制。

第十一节　把同事当成老师

丹·贺尔宾在学校橄榄球队担任经理时，当时指挥球队的是已故的伟大教练纽特·洛克尼，他和美国历史上最伟大的橄榄球教练之间的密切关系，在他心中深植了一种求胜欲望，因为圣母橄榄球队取得举世闻名的成绩时，依靠的也是这种求胜欲望。的确，英雄崇拜能使人进步，前提是我们崇拜的人是胜利者。

因此我还要强调另一点，即无论成功与失败，在很大程度上都是"习惯"的结果！我相信，丹·贺尔宾内心深植的求胜欲望，对于他的进步和发展都有着极其重要的作用。

在职场中，这样的共事关系同样重要。我认为，无论是在成功还是失败的环境中，与同事之间的相处都是一项非常重要的因素。在我的儿子布莱尔与丹·贺尔宾磋商职位定位时，我对这一理论的理解得到了证实。贺尔宾给我的儿子的起薪只是另一家对手公司的一半，所以我的儿子对此有些不满和踌躇，但是我在贺尔宾身上看到了儿子发展需要的更宝贵的东西。于是我向他施以父亲的压力，并劝导他接受与贺尔宾共事的机会。因为我相信，和一个不向逆境妥协的人共事，密切接触，是一项永远无法用金钱衡量的资产。

底层的职位对任何人来说，都意味着单调、沉闷和无利可图。所以我才一再强调，要靠周密的规划，避免从底层做起。但若是无法避免，我们也要学习丹·贺尔宾先生的精神，不抱怨，只努力，而且要尽量多地与这样的同事共事，并从中向他们学习。

第十二节　把知识转化为构想

那位为儿子准备"个人服务推销计划"的年轻妈妈，现在收到来自全国各地的委托络绎不绝，都希望请她为自己提供个人推销服务，因为优秀的个人推销服务可以为他们带来更多的机会，以赚取更多的财富。

千万不要以为她的构想只是"向老板推荐人才"而已，她不只是凭借自己的优秀能力，帮助人们在付出相同劳动的情况下，尽可能多地获取报酬。事实上，她同时兼顾了个人

服务买方与卖方的利益,也就是说,她同时帮助了那些求职者和求才者,她的业务不仅帮助求职者更好地展现自己,而且能够帮助雇主更详细深入地了解应聘者,从而尽可能使得到的人才对得起他支付的薪酬。

如果你富有想象力,并且想为自己谋求更高起点的职位,那么这个故事或许正是你一直寻找的激励。这个年轻妈妈的构想所带来的巨额收入,甚至可能高于那些接受过几年大学教育的"一般"医生、律师或工程师的收入。

可见,一个好的构想具有不可估量的价值。

当然,任何构想的背后支柱都离不开专业知识。遗憾的是,有许多拥有大量专业知识的人却没有找到自己创业的好构想。正是由于这一事实,帮助人们去推销自己的需求具有相当的普遍性,而且这一需求仍在不断增长。

如果你是一个富有想象力的人,那么本章介绍的构想可能足以作为你追求渴望的财富的起点。因为能力意味着想象力,它能使专业知识与创业构想相结合,形成合理的计划,从而获得财富。

记住,专业知识易得,而创新构想难求!

第六章
想象力是财富之源

第一节　智慧的生产线——走向财富的第五步

我经常强调的一句话就是，没有想不到，只有做不到。

借助想象力，人类在过去50年间发现和驾驭的自然力量超过了此前全部人类历史时期的总和。例如，人类已经完全征服了天空，可与鸟类的飞行本领相媲美。人类还在数千里之外分析并测量了太阳的质量，并且通过想象力测定出了太阳的组成成分。另外，人类还提高了移动速度，现在能以约965.6千米（600英里）以上的时速旅行。

因此我认为，想象力其实就像一条智慧生产线，人类所有的构想和计划都是在这里创造出来的。借助想象力，人们内心的欲望才得以成形、塑造并被赋予行动。

然而即便如此，人类也只是发现了自己的想象力，而且开始以其最基本的方式来应用它而已。在合理的范围内，人类唯一的局限在于想象力的开发与使用，因为，人类想象力的开发与使用还远远没有达到极限。

第二节　想象力的两张面孔

对于人类的想象力,我们通常根据其功能将其分为两种:一种是"综合型想象力",另一种是"创造型想象力"。

有些人擅长综合型想象力:通过这种能力,人们可以把旧有的观念、构想或计划重新组合,推陈出新。综合型能力没有任何创造,它只是将经验、教育和观察作为材料进行加工,但它却是发明家最常使用的能力。然而,其中也有一些例外的"天才",当综合型想象力无法解决问题时,他们就会利用创造型想象力。

另一些人则擅长创造型想象力:通过创造型想象力,人类的智慧可以无限拓展。很多人口中所谓的"预感"和"灵感"就是通过这种能力获得的。所有的基本构想或新构想也正是通过这种能力产生的。

在日常的工作和生活中,创造型想象力会自动发挥作用,我们会在下一章介绍其发挥作用的方式。这种能力只有在意识高速运转的情况下,才会发生作用,如用"强烈欲望"刺激意识的时候。

那些商界、工业界和金融界的伟大领导人物,以及艺术家、诗人和作家之所以伟大,正是因为他们发挥了创造型想象力的作用。

无论是综合型想象力还是创造型想象力,都会在使用过程中得到开发,用得越多,它就越敏锐。就像人体的肌肉与器官一样,都是越常用越发达。想象力的灵敏度,也会在不断使用中得以开发。

从本质上而言，人的欲望只是一种意念、一种冲动，模糊且短暂。在转变为实质对等物以前，它是抽象的，没有任何价值。在将欲望转化为金钱的过程中，综合型想象力是最常被使用的。但必须记住一点，你也会面临需要创造型想象力的情况和环境。

第三节　如何拥有想象力

就像人体的肌肉与器官一样，人的想象力可能因为疏于使用而变得迟钝，也会因为使用而变得活跃、敏锐。但是，即便是这种能力可能会因为被闲置而沉寂下来变得迟钝，它也不会消逝。

因为想象力是在化欲望为金钱的过程中比较常用的能力，因此，对于每一个人来说，集中发展综合型想象力是相当重要的。

但是，把看不见、摸不着的欲望冲动转化为实际、具体的事实、金钱，并不是一件简单的事情，这需要制订一个或多个计划。这些计划的形成必须凭借想象力，而主要运用的是综合型想象力。

我建议大家在读完全书后，再回到这一章，然后运用自己的想象力，制订一个或多个计划，试着寻找将内心的欲望变为财富的途径。至于计划具体应该如何去制订，则几乎在每一章中都有描述。在计划制订完毕之后，要马上采取行动

去执行最适合你需要的指示,并将计划写成文字(假如你还尚未做到这一点的话)。写完后,模糊的欲望就有了具体的模样。将前面这句话再读一遍,大声而且缓慢地念出来。记住,在将欲望和实现欲望的计划写成文字时,实际上你已经在一系列将意念化为其等价实物的步骤中,走出了重要的第一步。

第四节 财富运转的规律

这个世界上所有的事物都有规律可循。无论是万物枯荣还是物质的产生与湮灭,都是演变进化的结果。在进化过程中,哪怕是最细微的物质也会按照井然有序的规律被组织和排列,这一点已经经过了科学家们的证实。

还有很重要的一点就是,无论是组成地球的物质,还是人们身上数十亿细胞中的每一个细胞以及组成物质的原子,皆始于一种无形的能量,物质即能量。而对于我们来说,欲望其实也是大脑中能量的一种运转规律,换而言之,意念冲动也是一种能量的体现形式。

试想,当你开始有欲望这种意念冲动,想去聚积财富时,你就是在利用一种"物质"。这种物质和大自然创造出地球及宇宙万物,包括使你产生意念冲动的身体和头脑,所用的物质都是相同的。

那么,既然同样属于能量和物质,就必然有它的运转规律。运用永恒不变的规律,可以创造财富。但是,首先必须熟悉并学会使用这些规律。我希望通过不断重复,能从各个可能

第六章 想象力是财富之源

的角度，来讲述积累所有巨额财富共同使用的秘诀。尽管这看来奇特且似是而非，但这个"秘诀"却已不是什么秘密。大自然本身就揭示了这个真理。在我们居住的地球上，天上的星座、肉眼可以看到的天空中的行星、我们身外的元素、每一片叶子，以及举目所见的各种生命形式，无一不是如此。

接下来我会对想象力的内在规律进行拓展和分析，以增强大家对想象力的理解。第一次读到这一原理时，我都希望你能融入以前的认识，然后当你再次阅读并且分析它时，你会发现自己的思路更清晰了，而且也更能全面地理解财富的规律。最重要的是，在你阅读这些原理时，不要停下来，也不要迟疑，直到将此书至少读过三遍以后，你自然就会感受到其中的奥妙。

第五节 关于想象力

我们说过，构想是所有财富的起点，同时构想也是想象力的产物。这个世界上有许多利用伟大构想积累巨额财富的故事，我们不妨来看几个例子，希望这些例子能传达一些信息，教给我们使用想象力积累财富的方法。

第六节 神奇的旧水壶

50年前的某一天，在美国的一个普通小镇上，一个农村老医生驾着马车来到镇上唯一的一所药店。他拴好马，从后门悄悄地溜进药房，与药店的一位年轻店员在柜台后面小声地交谈了一个多小时。然后，老医生到外边的马车上取下一个旧的黑色水壶和一根用于搅拌的大木片交给药店店员。

药店店员检查过水壶后，从口袋中小心地拿出一卷钞票交给老医生，那卷钞票是整整500美元。在当时，500美元可不是个小数目，这几乎是药店店员的全部积蓄了。

随后，老医生交给他一张纸条，上面写着一个神奇的配方。对于老医生来说，这个配方只是他偶然发现的一个小成果而已，但是在当时年轻的药店店员眼里，这张配方价值连城！不过在当时，即便是药店店员自己，也想象不到将会从这把旧茶壶里流淌出怎样的财富。

对于老医生来说，他很乐意以500美元的价格出售那一套设备，因为这远远超出了他的预期，不就是一把旧水壶和一个小配方嘛。而对于年轻的药店店员来说，他是冒着破产的风险将毕生所有的积蓄押在了一张小纸片和一个老茶壶上。这件事在旁人眼中简直是荒唐的，虽然药店店员对于这把水壶和配方有着自己的计划，但他做梦也没想到，他的投资会使一个旧水壶生出无尽的财富，这种神奇的效果不亚于阿拉丁的神灯。

让我们透过现象去看本质，应该说，年轻店员真正买到的是一个构想。旧水壶、木片以及纸上的配方都是偶然的。水壶新主人在秘方中加入了一种老医生全然不知的成分后，奇迹发生了：世界各地都在把水壶内所装的东西提供给数百万人消费，带来了惊人的财富。

第六章　想象力是财富之源

这把旧水壶现在是全世界最大的糖消费者之一，因为它的存在，无数从事甘蔗种植、提炼和销售的人们有了挣钱的职业，从而能够养家糊口。

这把旧水壶每年可带来数以百万计的玻璃瓶消费，因此给玻璃产业带来了很大一部分利润，大批玻璃工人也因此有了就业机会。

这把旧水壶还给美国数目庞大的零售店员、广告撰稿人以及广告专家提供了工作机会。几十位艺术家为之创造出精美的图片来描绘产品特性，也因此名利双收。

还是这把旧水壶，把原本毫不起眼儿的一个美国南方小城，神话般地塑造成为南部的商业之都。现在，该市的各行各业，以及实际上每一位居民都是它的受益者。

这还不是全部。如今，这把旧水壶的影响力惠及全世界的许多国家，源源不断的财富从这把旧水壶中流淌出来，给那些接触到它的人带来了金钱、地位，甚至美好的人生。有人用这把旧水壶带来的财富成立并维持了一所学院，它成了南部地区最卓越的学院之一，有数千位年轻学子在那里接受教育，并且做出了不凡的贡献，成就斐然。

除此之外，这把旧水壶还为这个世界带来了各种各样的故事，温情的、励志的，甚至是浪漫的，各种爱情罗曼史、商业传奇以及每天受到它激励的职场男女不计其数。我至少确切地知道其中的一则罗曼史，因为我就是故事的主角之一，而故事就发生在离药店店员购买旧水壶的地点不远处。我就是在那里遇到了人生伴侣，而且还是从她口中第一次听到了神奇的水壶的故事。后来我向她求婚，说出"余生请指教"

这句话的时候，他们喝的就是那把旧水壶中的产品。

那么，这是怎样的一个神奇的旧水壶呢，它能够在这么多年的时间里，在全世界那么多的地方创造如此之多的财富。当初那个拿出500美元身家孤注一掷投资这把旧水壶的药店店员，究竟往这把旧水壶里加入了什么东西，结果创造出如此巨大的奇迹呢？

虽然这个故事听起来比虚构的还要神奇，但这的的确确是一个始于构想的真实故事，而且就发生在我们身边，它与我们每一个人的生活息息相关。无论你是谁，身在何处，从事什么工作，每当看到"可口可乐"这几个字的时候，请记住，这个经济实力和影响力强大的帝国，就产生于一个简单的构想。

还有，那个年轻的药店店员名字叫阿萨·坎德勒，他得到旧水壶和那个秘密配方之后，在配方里增加了一种神奇的成分——想象力。

我们一定要记住，想象力是创造财富的切实途径，正是通过它，可口可乐的影响力才能扩展到地球上的每个城市、乡镇、村落以及无数大街小巷。还要记住，任何你头脑中迸发出来的构想，都可能是那个并不起眼儿的旧水壶，其中蕴藏着无穷无尽的财富。

第七节 百万美元的故事

有一句古老的谚语——"有志者事竟成"。我热爱的教育

第六章　想象力是财富之源

家兼牧师——已故的弗兰克·冈萨拉斯的经历让我懂得了这个道理。

冈萨拉斯当年读大学时，发现我们的教育制度存在很多弊端，所以他当时有了一个大胆的想法：如果自己当校长，就一定可以纠正这些问题。于是，他下定决心筹组一所新大学，这样他就可以实现自己的理想，而不必受制于传统的教育方式了。

然而，经过一番准备工作和了解之后，冈萨拉斯发现，要实行这个计划需要100万美元！他到哪里去筹集这笔钱呢？当时的他刚刚从芝加哥的畜牧区开始自己的传道事业，收入微薄，根本不可能筹集到如此巨额的款项。这个问题一直萦绕在他的心头，困扰着这位雄心勃勃的年轻牧师。在那之后的很长一段时间里，冈萨拉斯一筹莫展，没有任何办法。但这个想法是如此强烈，以至于每天晚上这个念头都要随他入梦，早晨和他一起醒来。无论冈萨拉斯走到哪里，这个念头总是如影随形，挥之不去。

到后来，创办属于自己的大学这件事情成为冈萨拉斯心中的唯一"意念"。作为学者兼牧师，冈萨拉斯和任何成功人士一样认识到，自己已经具备了"明确的目标"，这是事业起步的必要出发点。虽然炽烈的欲望在心中支撑着自己的伟大目标，并且自己也具备了足够的热情、生机和力量，但摆在面前的一个无法回避的现实问题是，他真的不知道该从何处或如何获得这100万美元。

在这种情况下，一般人会很自然地放弃了，还会说："啊，算了，我的构想虽好，但是这有什么用，因为我永远也筹不

到所需的 100 万美元。"

这的确是大部分人会说的话,但冈萨拉斯先生并没有这么说。他所做出的应对和决定有着相当深远的意义。我至今还记得他在自传中对于这一段经历的描述:

一个星期六的下午,我坐在房间里,心里想着该如何筹钱,以实现计划。有近两年的时间,我都在想这个问题,然而除了想之外,我并未采取任何行动!

原来这才是问题所在!现在是该行动的时候了!

就在那一刻,我做了一个惊人的决定:一定要在一周内筹得所需的 100 万美元。具体怎么去筹我还没想好,但关键是我已经有了在一定时间内获得这笔钱的决心,而且我有了意外的收获和顿悟。就在我下定决心,要在一定时间内获得那笔钱的一刹那间,内心突然有一种强烈的自信心油然而生,那是我以前从未有过的感觉。我内心似乎有个声音在说:"你早就该下定决心,那笔钱早已经属于你了!"

接下来事情进展得很顺利,我打电话给本地的一家报社,宣布我第二天早上将要讲道,题目是:"如果有 100 万,我会用来做什么?"

然后我立刻着手准备这次布道词,但是坦白地说,这个任务并不难,因为两年来,我的内心其实一直在为这次布道做准备。我很早就准备完毕,满怀信心地入梦,在梦中,我看到自己已经拥有了那 100 万美元。

第二天早上,我早早地起床,洗漱之后,我留在洗手间,最后一次朗读布道词,然后屈膝祈祷,希望这次布道能引起

第六章 想象力是财富之源

某个人的注意,让他提供我所需的这笔钱。祈祷时,我再次体会到这笔钱一定会出现的信心,顿时心情大好。我满怀兴奋地走了出来,却忘了带布道词,直到站在讲坛上正要开始讲道时,才发现这一点。

不过,那次布道之后,我觉得自己应该感谢这次意外,因为,虽然我因为过度兴奋而把布道词忘在了洗手间内,但正是如此,我才可以任由我的潜意识自动补充出我所需的资料。当我站在台上讲道时,我闭上双眼,全心全意地诉说我的梦想。我告诉他们,假如我手中有100万美元,就可利用它来实现我的梦想。我把心中的计划描绘给他们听,即要筹建一所优秀的教育机构,教授学生实用的知识,并培育他们的心灵,而不是让学生在自己不喜欢的知识面前放纵自己的懒惰。

当我讲完坐下来时,一个坐在大约倒数第三排的人慢慢地站起身来,走向讲坛。正在我纳闷他要做什么的时候,这个人走近讲坛,伸出手说:"牧师,我喜欢你的布道。我相信,假如你有100万美元,一定会实现你的承诺。为了证明我对你的信任,如果明天早上你能到我的办公室来,我就给你100万美元。我叫菲利普·阿穆尔。"

冈萨拉斯欣喜若狂,这简直是意外的奇迹。第二天一大早,年轻的冈萨拉斯就来到了阿穆尔的办公室,如愿以偿地拿到了100万美元。很快,他用那笔钱建立了阿穆尔理工学院,即现在的伊利诺伊理工学院。

我留意到,当冈萨拉斯下定决心要实现目标,且确定了实现目标的计划之后，不到 36 个小时就得到了这笔钱。如果说那笔急需的百万美元就是构想的结果，那么支撑这个构想的，就是年轻的冈萨拉斯在心中酝酿了近两年的欲望。

年轻的冈萨拉斯获得 100 万美元的模糊念头以及微弱希望并无任何特殊之处，可能有不少人都曾有过这样的想法。但是，冈萨拉斯的特殊之处在于，他最终把模糊不清的想法变成了现实。

在那个值得纪念的星期六，冈萨拉斯将模糊不清的想法具体化，并且明确地说出："我要在一个星期内得到那 100 万美元！"结果他真的实现了梦想。而且，冈萨拉斯赖以获得百万美元的方法和原则直到今天依然适用。

我希望每一位读完这个故事的读者都要牢记：这一原则也可以为你所用！与冈萨拉斯使用这一原则时的情况一样，这个普遍的法则至今依然行得通。

第八节　构想到财富的转变

看完了前边阿萨·坎德勒和弗兰克·冈萨拉斯的财富故事，你会发现，这两个人具有一个共同的特征，就是，他们懂得一个惊人的道理，即只要有明确的目标和明确的计划，脑海中的任何一个构想都可以转化为财富。

在我们身边，有不少人坚持认为辛苦工作和诚实守信是获取财富的唯一途径。在这里我想要告诉大家：这个想法是非常错误的！请务必要打消这个念头！事实表明，大笔的财

第六章 想象力是财富之源

富目标仅靠辛苦工作是很难实现的！真正的财富之梦是对确定目标和计划的反应，而不仅仅是勤劳、机遇或幸运。

通常来说，构想是想象力在头脑中驱使行动的一种意念冲动。而所有杰出的推销员都知道，构想的意义无比重大，它既可以售出卖不掉的商品，又可以制造出一个又一个的财富梦想。有很多人并没有意识到这一点，这也正是他们之所以"平凡"的原因。

曾经有一位廉价书出版商留意到一个现象：许多人买的是书名，而不是书的内容。只要将一本滞销书不太吸引人的书名修改一下，那么那本书的销售量即可跃升到百万册以上，而书的内容其实毫无改变。他只不过是撕去印有不具卖点书名的封面，重新贴上了颇具"票房"效应的书名封面。

这一发现对一般的出版商应该极有价值。因为这一举动虽然看起来非常简单，但其实它就是一个构想，一种想象力！构想没有标准价格。构想的创造者可以自订价格，而且如果足够聪明的话，也一定可以得到理想的价值。

每一笔巨额财富的故事背后，其实都始于构想创始人与构想推销人的默契合作。

有好几百万人一生都在盼望着有幸运的"机会"。或许好运的确能给人带来机会，但最可靠的计划不能靠运气。一次幸运的确给我带来了人生的机会，但在机会变为资产之前，我所倾注的是25年不懈的努力。

"机会"使我幸运地遇到了安德鲁·卡内基，并得到了他的鼎力合作。要知道，卡内基身旁簇拥着一群无所不能的人。他们创造构想，实际推动构想，使卡内基及其他人获得了令人难以置信的财富。那一次,卡内基在我心中植入了一个构想,就是将创造成就的原则组织为成功哲学。这25年的研究成果使得千万人因之受益,而且通过应用这一哲学,出现了许多致富的例子。起点其实很简单,那就是任何人都能创造出来的构想。

如果说卡内基的经历有运气的成分在里边,那么我想说的是,坚定的决心、明确的目标、实现目标的欲望以及25年的坚毅努力来自哪里呢?

心理学家认为,一般的欲望不可能战胜失望、气馁、暂时挫折、批评以及"白费时间"的一次次自我提醒。对于普通人而言,那是一种强烈的欲望,一种萦绕于心、挥之不去的意念!

回顾当初,当卡内基先生最初将这个构想植入我的心中以后,我就努力培育它、呵护它,促使它继续成长。慢慢地,构想在其本身的力量下长成了巨人,并反过来引导我、关照我、激励我。构想的确就是这样,一开始是你赋予构想以生命力、行动和指导,然后,它们会依靠自身的力量帮你扫除所有的障碍。

我们完全可以说,构想是一种神奇的力量,通常比大家的有形头脑更具力量,而且生命力极强。很多时候,即便是创造构想的头脑早已化为尘土,构想依然能够保留和传承下来,源源不断地为人们创造财富。

第七章
梦想需要精心策划

第一节 心动不如行动——走向财富的第六步

有句话叫作"心想事成",即先有"心想",后有"事成"。很显然,人们创造或获得的任何东西都是以欲望的形式从内心开始的,欲望是这一旅程的起点。从抽象到具体,然后经由想象力进行精确地分析和加工,制订出实现欲望的具体计划,并进一步去贯彻和实施。

在第二章中,我们学习了如何采取六个明确、实际的步骤,作为化欲望为财富的第一个行动。其中有一个重要的步骤,就是要形成一个或多个明确、实际的计划,并通过这些计划,最终让心中的欲望变为现实。

接下来,我们要谈一谈如何去构建计划,而且是极其实用的计划。

(1)独木难成林。我们首先要根据需要去寻找合作伙伴,以积累财富为目的,着手筹备和实行计划。这一点我会在第八章关于"智囊团原则"中详细说明,因为它相当重要。

（2）组成我们的"智囊团"之前，我们一定要首先意识到一点，那就是没有人愿意在没有任何报酬的情况下无限期地工作，也没有一个聪明人会在无利可图的情况下要求或期望他人为自己工作。因此，你一定要明确你可以向这个团队中的成员提供何种好处或利益，以回报他们的合作。当然，报酬不一定都以金钱的形式存在，可以根据实际情况灵活掌握。

（3）组建好"智囊团"之后，一定要经常安排与"智囊团"成员的聚会，有可能的话，每周至少两次或多次，直到大家商议出切实可行的财富计划为止。这种聚会的目的在于让大家在一起思考一个问题，让这个问题在大家的脑子里同时运转，搜寻任何有可能迸发出来的灵感，这一行为在今天有一个时髦的名字——"头脑风暴"。

（4）要重视团队内部的和谐关系，使自己与"智囊团"中的每个成员保持密切的关系。假如你不能严格遵循这项要求，将可能遭遇失败。因为没有完善的团队关系，你就无法应用这项"智囊团"原则。

（5）我们一定要记住以下事实：第一，你正在从事一项对你很重要的工作，要确保成功，就必须拥有完美无缺的计划；第二，你必须借助合作伙伴以及其他人的经验、教育、才能与想象力才能实现你的计划。

之所以要提出以上几点，是因为现实生活中每一个成功致富的人都曾经采用过这种方法。没有任何人可以不需要与他人合作，就能有充分的经验、教育、才能和知识，就能确保获得丰厚的财富。在积聚财富的努力中，你所采取的计划应该是你自己与全体"智囊团"成员共同的心血结晶。你计划的全部或一部分，也许是你自己构思的，但那些计划书必须经过"智囊团"小组成员通过，方可付诸实施。

第二节 永不言弃

没有人能够预知未来，因此也没有人能保证自己的构想和计划就一定能够成功。

如果你采用的第一个计划失败了，不要停下来，立刻再制订一个新计划，如果新计划再失败，那么再换一个，依此类推，直到你找出有效的计划为止。

这一点看似容易，实际上却是大部分人会遭遇失败的关键所在，因为他们缺乏创造新计划来取代失败计划的持久毅力。

我们说过，计划是极其重要的，你的成就之大不可能胜过计划的完美。

上百万的人一生不幸、贫穷，其实只是因为他们缺乏寻求财富的完善计划。没有实际有效的计划，即使最精明的人也无法实现自己的财富梦想。我们不仅要牢记这一事实，而且还要记住：当计划失败时，要坚信暂时的挫折并不代表永远的失败，它可能仅意味着你的计划还不够完善。那么不妨吸取教训，再拟订一个计划，重新开始。

暂时的挫折只意味着一件事：你的计划中有某些原本没有考虑到的疏漏。而这些疏漏，都可以在新的计划中加以避免。因此，我们可以通过不断地重复这一过程，最终制订出完美的财富计划。

詹姆斯·希尔开始努力筹措资金，建造横贯美国东西的铁路时，也曾遭遇过暂时的挫折，但后来，他通过新的计划转败为胜。

亨利·福特更是一个无比熟悉挫折的人，他不只在汽车事业之初，甚至在事业几近巅峰之时也曾遭遇过暂时的挫折，但他能够重新拟订计划，继续朝经济上的成功迈进。

我们在惊羡盛开的鲜花的美丽的同时，一定要记住，这美丽背后意味着她经历的风雨和牺牲。财富之路同样如此，我们看到别人实现自己的财富梦想时，经常只看到他们的胜利，却忽略了他们在成功前克服的各种挫折。

明白这个道理的人总需经历一些暂时的挫折，才能有望实现梦想。我们遭遇挫折时，不妨把它当成一种警示，这表明你的计划尚不完善，只需重新拟订计划，就可以再度奋起，奔向渴望的财富目标。如果在没有实现目标前就轻易放弃，那么你就是个"半途而废的人"。

而一个"半途而废的人，永远不可能成功，更不可能得到财富的青睐；成功的人，决不会半途而废"。我建议大家把这句话用大字写在纸上，放在早晨上班、晚上睡觉前都看得到的地方。

而且，基于这一原则，我们在一开始挑选"智囊团"成员的时候，要尽量挑选那些能轻松面对挫折的人，因为这会为你的团队带来更多的正能量。

我看到有些人始终愚蠢地认为，只有钱才能赚钱，这是不对的！我始终坚信一个原则，那就是欲望能转化为财富，所以欲望才是赚钱的媒介。财富本身既不会动，又不会思考，也不会说话，只不过是无生命的物质。但当一个人内心强烈渴望得到它，并不断地召唤它时，它却能"听得到"，然后应声而至。

第三节 从推销自己开始

不管采取何种方式，制订合理、巧妙的计划都是成功获取财富的必要条件。对于大部分年轻人而言，他们人生中的第一个计划，可能就是向那些手握财富的企业家们推销自己，下面就为这些需要推销自己的人提供详细的行动指南。

事实上，任何积累巨额财富的人，都始于推销自己。因为这是这个世界上财富运转的规则，没有哪个人的财富是凭空从天上掉下来的，除了推销自己的构想与个人服务以换取财富之外，没有更好的办法。

第四节 学习是成长的唯一途径

总而言之，这世界上有两种人，一种是领导者，另一种是追随者。当我们在开始自己的职业生涯之后，一开始所要面临的决定就是，自己要做一名领导者还是一名追随者。两者之间的报酬差距可谓是天壤之别。虽然每个人都渴望成为领导者，但并不是所有人一开始都有这个能力，事实上，大多数的人都是从追随者开始做起的。

做一名追随者并不意味着能力不足，因为这是必经之路。

但从另一个角度来说,如果一直都当追随者,就不那么明智了。大部分领导者一开始也都是追随者的身份,之所以能成为领导者,是因为他们是聪明的追随者,他们懂得在学习中成长。

而那些不擅长学习的追随者,几乎毫无例外地无法成为有力的领导者;能有效追随学习领导者的人,则通常能迅速培养自己的领导才能。聪明的追随者有很多优势,其中之一就是善于抓住向领导者学习的机会。

第五节 成为领导者的必备素质

我曾总结过那些卓越的领导者身上所具备的重要因素,如下。

1. 勇气

对自己所从事的行业和内心的梦想有着无比强烈的自信与勇气。没有任何一位追随者愿意接受一个缺乏自信与勇气的领导者的支配,聪明的追随者不会长期接受这种领导者的领导。

2. 自制力

能够控制自我的人才有能力去控制他人。自制力可以为追随者树立强大有力的榜样,聪明的追随者会努力效仿领导者的强大的自制力。

3. 强烈的正义感

公平与正义感无论在哪个领域,都是领导者身上所必需的素质。如果缺失正义感,领导者就无法指挥追随者,更无法得到大家的尊敬。

4. 果断

可以想象，人们绝不会追随一个遇事举棋不定的人，因为这样的行为表明领导者对自己没有信心，这种人无法成功地领导他人。

5. 目标清晰明确

成功的领导者必须有着明确的计划和目标，并以此为原则规划工作，身体力行。一个领导者如果只凭臆测行事，而没有实际、明确的目标和计划，就好比一艘无舵的航船，根本无法开始自己伟大的航程。

6. 甘于付出

作为领导者，必然要比其他人付出更多，要以身作则，甘愿比下属做更多的工作，才能让追随者视自己为榜样。

7. 迷人的个性

个性是否具有亲和力，是情商高低的体现。一个散漫、草率的人不会给人有亲和力的感觉，更无法成为成功的领导者。不重视培养随和风格的领导者得不到下属的尊重。

8. 体谅下属

成功的领导者应该有一颗体谅下属的心，这是善良和同情心的体现，也是对下属发自内心的善意和帮助。

9. 重视细节

任何忽视细节的人都不可能成功，领导者也是如此。成功的领导需要掌握领导职位涉及的各项细节。

10. 勇于承担

一个遇事喜欢推卸责任的领导者，必将被所有的追随者

所抛弃。那些成功的领导者，都是甘愿为下属所犯的错误与过失承担责任的领导者。这种勇于承担的责任感必须要通过领导者传递给所有追随者，从而组建起一个高效负责的团队。

11. 合作

团队合作对于一个成功的领导者来说是必不可少的原则，领导地位需要权力，而权力需要合作，完成计划、实现目标更需要合作。

领导方式有两种：第一种也是最有效的一种，是能引起下属情感共鸣与认同的领导者；第二种是无法引起下属情感共鸣和认同的霸道领导者。

无数历史上的事例表明，只靠强权是无法保证领导权持久的，那些封建帝王与独裁者的没落与消亡就是最明显的例子，它说明人们不会无限期地盲目顺从霸道的领导。人们可能会暂时顺从霸道的领导，但他们并非心悦诚服。拿破仑、墨索里尼、希特勒等人就是霸道领导的例证。他们的领导权已经灰飞烟灭，相对于强权，追随者的认同才是能持久的唯一的领导方式。

结合以上总结出来的十一项因素，我认为这是新时代所需要的领导者的必备特质，以这些因素为基础建立领导权的人，在任何行业中都会有更多的机会成为成功的领导者。

第六节 导致领导失败的"十桩罪"

讨论完了成功的领导者后，我们再来探讨失败的领导者是如何失败的。我总结出了他们的十项失误,这十条失败教训与之前的十一条成功因素是同等重要的。

1. 没有掌控全局的能力

毫无疑问,团队的高效领导者需要组织和控制细节的能力。真正的领导者绝不会因为"太忙"等种种外部因素而无法完成领导者分内的工作。一个人无论是领导者还是下属,如果承认自己"太忙"而无法处理事务,甚至无法及时应对企业遇到的危机,那就无异于承认自己无能。成功的领导者必须能掌握任何与职位有关的细节,而且要掌握将事务向下分工的技巧。

2. 放不下领导架子

真正伟大的领导者并不会把自己放在高高在上的位置,而是会视情况需要,自愿从事他要求下属做的任何事情,即便是最卑微的工作。最伟大的领导者是众人之仆,能干的领导者一定会注意并且谨遵这一真理。

3. 纸上谈兵

要清楚,那些成功的领导者之所以成功,并不是因为他们"知道"了什么,而是因为他们"做到"了什么。生活中,得到回报的是那些能够运用自己所掌握的知识,做到身体力行,或是能督促别人去身体力行的人。

4. 心胸狭窄

那些害怕下属有朝一日会取代自己的领导者,实际上早晚会让这样的担心成为现实。聪明的领导者会培养接班人,并且乐意将此职位的任何细节都传授给他。只有这样,领导者才可能分身兼顾多处细节,并能同时注意到多项事务。那

些有胸怀托付他人事情的人所得到的报酬,往往比事必躬亲的人得到的报酬丰厚,做到"善用人"的领导者才是聪明的领导者。通常来说,那些有能力的领导者可以通过自己的工作知识和人格魅力大幅提高他人的工作效率,而且他人在其指导下提供的服务远远大于、优于没有得到协助之前的状况。

5. 缺乏想象力

想象力对于领导者而言,不仅是对发展前景的预估,也是对企业危机的预防。没有想象力,领导者就没有应付紧急状况的能力,就无法制定有效的应对方案。

6. 与下属争功

那些热衷于把下属的工作成果据为己有、自揽光环的领导者必定招致怨恨。真正伟大的领导者不会与下属争功,他乐于将任何荣耀归于下属,因为他知道,大多数人会因为赞赏和肯定而努力工作,而这种赞赏和肯定带来的激励作用要远远超过纯粹的金钱。

7. 毫无节制

没有人会尊重一个在生活各方面没有节制的领导者,而且,毫无节制的生活和工作习惯会损害放纵者的耐力和活力。

8. 缺乏忠诚

其实这一点应该摆在清单的第一位。无论领导者还是追随者,忠诚都是必备的职业素养。如果领导者不能对公司、同事忠诚,那么他的领导地位也无法稳固。无论在任何行业,缺乏忠诚的人都会受到蔑视,而且注定会失败,最终被众人所唾弃。

9. 过分强调"权威"

对于领导者而言,权威来自同情、体谅、公正以及对工作的胜任等，而不是来自刻意的强调和凸显。有能力的领导者会以鼓励而非威慑来领导下属。企图在下属心中巩固"权威"的领导者，是霸道的领导者。

10. 贪图虚名

能干的领导者不需要各种各样的"头衔"和虚名来彰显自己，更不需要用这些来赢得下属对他的尊敬。太注重头衔的人，往往是因为他确实是能力有限，毫无其他可夸耀之处。

以上"十桩罪"是领导者失败的较常见原因，其中任何一项对于领导者而言都是致命的。假如你立志成为领导者，那么请仔细研究这份清单，以确保自己不会犯这些错误。

第七节 新的时代需要"新型领导方式"

我注意到，在任何领域，旧的领导方式渐趋过时，而那些适应时代的新型领导者则有着丰富的机会。我们必须意识到以下几点：

（1）对于这个时代而言，新型领导者已经成为一种近乎紧迫的需要。

（2）银行业正处于大规模的变革之中。

（3）企业领域同样需要新型领导者，未来在企业领域能够持久的领导者必须视自己为准公共性质的公务员，其职责是在不损害个人或团体利益的前提下经营公司。

（4）法律、医学和教育界也需要新型领导风格，因此在一定程度上还需要新的领导者，尤其是教育领域。未来

教育领域的领导者必须改变现状，并寻找有效的方法，教导人们如何"应用"在学校所学的知识，多强调实践，少强调理论。

（5）在新闻领域，也需要新型领导者带来新的变革。

以上这些，只是目前新型领导者或新型领导风格找到机会的部分领域。众所周知，这个世界正在发生快速变化，这表明，人们生活的方方面面也都需要变革来适应世界变化的速度，这比其他因素更能决定文明的趋势走向。

第八节　如何应聘最佳职位

我通过多年的摸索，总结出了下面的经验，这些经验曾经有效地帮助过数以千计的人找到最适合自己的职位。在我看来，以下几个渠道是最直接、最有效的渠道，它既能让求职者充分地展示自己，又能让招聘的企业更准确地找到适合自己企业岗位的人才。

1. 职业介绍所

求职者必须注意：一定要精心挑选信誉良好的职业介绍所，它们的管理纪录要令人满意。但是如今的职业介绍所领域良莠不齐，大家需要擦亮眼睛去挑选。

2. 各种纸媒的广告

在报纸、职业刊物和杂志上刊登广告，对谋求文书或普通工作的人来说，往往能得到满意的效果。如果你是在谋求经理级职务的求职者，则要安排特别排印的广告，刊登在你所寻找的企业注意得到的地方,而且所刊登的广告应由有丰富经验的人来执笔,他们知道如何增加一些吸引人的内容,以引起招聘企业的注意。

3. 求职信

对最有可能录用你的公司可以直接寄送求职信。这种信从头到尾必须保持整洁,并亲笔签名。另外,应当随信附上一份自己的简历和介绍,以表明自己的申请资格。求职信、简历及自我介绍,均应由经验丰富的专家来指导。

4. 熟人介绍职位

在这种情况下,如果有可能,应聘者应尽量通过共同的熟人接触未来可能的雇主。这种接触方式特别有利于那些欲觅主管职位,而又不希望自己被对方看成"自吹自擂"的人。

5. 自我推荐

有时候,如果求职者毛遂自荐,主动表示自己完全能够胜任某个职位,可能效果更佳。这时,应递上一份完整的书面简历,因为在这样的情况下,雇主通常喜欢与同事讨论求职者的情况。

第九节　简历应该包含的信息

作为求职者,应该精心准备自己的简历,就像律师为即将在法庭上审理的案件那样注重每一项细节。如果能够得到经验丰富的专家的指导,是最好不过的,因为专家的丰富经验可以帮助你更快地达到目的。成功的企业会雇佣懂得广告艺术及心理学的人，以展现出商品的优点。同样，推销个人服务也是如此，因此，你们的简历中应该体现以下信息。

1. 学历

学历是最基本的介绍，要简明扼要地叙述曾读过的学校、专业以及学习这一专业的理由。

2. 工作资历

假如有与目前应聘职位相关的经历，就完整地将其叙述出来，并写明以前雇主的姓名和地址。记住，要清楚地写出任何你胜任该应聘职位的特殊经验，这些都有助于为你得到这个职位而加分。

3. 引荐信

实际上，每个公司都渴望了解应聘者以往的经历和记录，所以你在简历中最好附上如下人士的复印信函：

（1）以前的雇主；

（2）学校里的指导教授；

（3）在该领域有权威的著名人士。

4. 本人照片

附上一张本人免冠近照。

5. 明确的应聘职位

一定要避免只说明申请工作却不明确说明应聘哪个特定职位，更不要说"任何一个职位都可"，因为那样会表明你缺乏专业资格，且没有丝毫的信心。

6. 陈述自己胜任某个职位的资历

关于你为什么认为自己有资格担任所申请的职务，要有详细的说明理由。这是你的申请书中最重要的部分。雇主对于是否录用你，主要就在于这一部分的理由。

7. 申明愿意接受试用期

经验证明，获得试用机会的人很少不会成功。假如一个人对自己的资格非常自信，那么你所需要的就是一次试用的机会。顺便要说的是，建议试用是表明你对自己的能力有信心，可胜任你所申请的职务。它表明：

（1）完全有把握胜任这个职位；

（2）对于得到这份工作相当自信；

（3）有决心排除万难得到这个职位。

8. 对于要申请的职位和企业要有足够的了解

申请一个职位之前，一定要充分研究与此工作相关的知识，使自己彻底熟悉这门业务，并在简历中叙述你对此行业已有的认识。之所以要做到这一点，是因为对于职位和行业的透彻了解将令雇主对你印象深刻，而且表示你有想象力，同时对此职位是真正的感兴趣。

作为求职者，不要担心简历过长。其实雇主物色合适的求职者花费的心思和你为了获得工作而费的心思一样多，他们当然想得到所有应聘者的资料。而且你要明白，这些优秀的企业之所以优秀，就是因为他们有眼光去挑选合格的雇员。

在对待简历这件事上一定要记住：能赢得官司的律师不一定是最懂得法律的律师，而是对案子准备最充分的律师。假如你做好了充分的准备能够充分地陈述理由，那么你在求职的一开始就已经成功了一半。

此外，还有很重要的一点：一份整洁悦目的简历，足以表现出你是一个做事细心、肯下功夫的人。我曾帮助几位客

户准备过简历,由于这些简历非常出色,结果还没有进行面试,雇主就当场拍板决定雇佣他们了。

当你完成简历之后,要把它们整齐地装订起来,并书写或打印成类似以下的格式:

个人资格简历
申请人:罗伯特·史密斯
拟聘职位:布兰克公司总裁私人秘书

每次递交简历时,都要相应地更换名称,在细节上严格要求,从而引起雇主的注意。用你所能获得的最上档次的纸张,将简历整洁地打印出来,并用类似书本封面的铜版纸装订好。如果简历需要向一个以上的公司递出,则要注意更换封面和公司的名称。你的照片应该贴在简历内。

如果你寻找的职位值得拥有,那么就应该用心去追求。那些成功的推销员都有一个共同点,那就是懂得用心修饰自己,懂得第一印象的重要性。你的简历其实就是你的推销员,一定要给它穿上一套漂亮的外衣,那么求职的时候,你就能给潜在的雇主留下与众不同的鲜明印象。而且,如果你把自己推销给一个雇主的时候,用个人特点打动了他,那么你最初得到的薪水要高于用通常的求职方式得到的最初薪水。

如果你是通过广告或职业中介求职,那么一定要请代理人使用你自己制作的简历作为推销媒介,这有助于代理人和未来的雇主更好地了解你。

第十节 怎样得到理想的职位

人们往往都愿意从事适合自己的工作,如画家喜欢涂抹颜色,手工艺者喜欢制作,作家喜欢写作,缺少这些天分的人则钟情于工商业。现代社会的一大优点就是为人们提供了广泛的就业选择,农业、工业、营销还有其他分门别类的专门职业,可供人们去选择。那么,作为求职者,如何才能得到自己理想中的职位呢?

(1)一定要有明确的目标,清楚自己想要从事的职业。如果你发现这样的职业并不存在,那么也许你可以选择自己创业,去创造一个属于自己的职位。

(2)自己想在什么公司,或为哪个人工作,心中也要有确定的答案。

(3)了解希望从事的职业或岗位的政策、人事和晋升机会。

(4)"知人者智,自知者明",一定要多自省,分析自己的天分和能力,明确自己能做什么,然后设法展示你自认为可以成功提供的个人优势、服务和构想。

(5)不要觉得工作只是养家糊口,不要想是否有机会升迁,更不要抱有"你可以给我一份工作吗?"这样的惯常想法,而是要多关注自己能做什么,在这个职位上能否得到成长。

(6)以上几点都有了明确的答案之后,请一位文字能力强的人把它条理分明、内容详尽地写在纸上。

(7)把整理出来的简历递交给有权雇用你的人,剩下的事就由他来决定了。

企业无论大小，都希望得到有价值的人才，无论是提供构想、服务还是提供"人脉"的人。对于求职者而言，以上所总结的七个步骤可能需要花费几天或几周的额外时间，但这样做是非常值得的，因为它会影响到你未来的收入、晋升机会和被认同的程度，这是数年低薪而辛苦的工作无法得到的，绝不可轻易忽视。

精心策划自己的求职计划益处很多，而最主要的益处在于，它能让你在实现某个具体目标的时候，节省1~5年时间。每个一开始就这样做或者"半路"采取这种做法的人，如果能够严格按照以上步骤去做，也会取得事半功倍的效果。

第十一节 新时代的推销服务

那些为了财富而努力推销自我的人必须认识到，新的时代带来了雇主与雇员关系的变化，我们不能再用旧眼光去看待这一切了。

老板与员工的未来关系会更像一种伙伴关系，其中包括老板、员工，以及二者共同的服务对象。

这种推销方法的演变带来了许多变化。首先，未来的老板和员工可被视为合作伙伴，他们共同的事业是有效地为广大客户服务。在人们的印象中，老板与员工之间总是针锋相对的，双方极尽能事地讨价还价。但是，大多数人并没有意识到，归根结底，老板与员工针锋相对的受害者是第三方，即他们共同的服务对象——客户。

第七章 梦想需要精心策划

如今商业领域的口号是"礼貌"和"服务",这些口号的适用范围显然要比只为老板服务的概念大得多。因为我们前面的叙述表明,老板和员工在本质上都是被他们所服务的对象所雇佣的。如果他们的服务不周到,他们就要付出丧失服务机会的代价。

在我们的记忆中,过去查煤气表的人总是重重地敲门,似乎每次都想要把门上的玻璃震碎。当我们开门之后,他就会不请自入,径直闯进去,板着面孔,仿佛在说:"怎么这么久才开门?"而这一切在当今这个新的时代正在悄然发生着变化。查表人现在似乎都变成了"愿为您效劳"的绅士。

美国的经济大萧条时期,我在宾夕法尼亚无烟煤区住了几个月,目的是研究煤炭工业衰败的原因。我发现,当时的煤矿经营者与员工经常发生无法调和的矛盾,结果导致煤炭价格提高。最后,煤矿经营者和员工终于发现,自己的内斗为燃油设备的制造商和原油产销者带来了可观的业务。

之所以要举这些例子,是想让那些计划推销个人服务的人注意到:一个人之所以能得到眼前的地位和财富,全是由他们的服务质量决定的。如果有一个因果原则能操纵商业、金融和运输交通,那么这一原则同样也能掌控个人,并决定他们的经济地位。

第十二节 记住"QQS"评价公式

前面已经讲述了如何成功地为他人提供服务的各种因素,

我们应该了解、分析和应用这些因素。每个人其实都是他自己的推销员，他所提供服务的质和量，以及提供服务时的精神，往往决定了他被雇佣的时间与效益。要想让自己的职位有更高的薪水和稳定程度，就必须能够有效地向他人提供更好的服务。在这里我建议大家采用"QQS"公式，意思就是质量（Quality）、数量（Quantity），再加上适当的合作精神（Spirit），加起来等于完美的服务推销术。记住"QQS"公式，且更进一步把它变成一种习惯！

员工要想在得到满意的工资和愉快的工作环境前提下长期被雇佣，就必须采用并遵循"QQS"公式。为了准确地理解这个公式的含义，我们下面来分析这个公式：

（1）服务质量：以永远追求更高效为目标，以最有效的方式，完成和你的职位有关的各项细节。

（2）服务数量：一种随时提供力所能及的服务的习惯，目标在于通过实践和经验培养更高的技能，以提高服务数量。这里的重点还是"习惯"二字。

（3）服务精神：给客户带来愉悦、和谐的举止。除此之外，服务精神还能促进同事和上下级之间的合作。

当然，仅仅做到以上三点还不够，因为足够的服务质量与数量并不足以为你的服务维持长久的市场。你提供服务的行为或精神，才是决定你的薪水与工作能否持久的重要因素。

安德鲁·卡内基在讲述成功推销个人服务的因素时，特别强调了这一点。他反复多次地强调和谐相处的必要性。卡耐基特别强调一些成功地为他人服务的因素，他一而再地强调协调行为的必要性。同时他也强调，无论一个人的工作量有多大，他的工作质量有多好，除非他能在和谐的精神下工作，否则他是不会有高收益的。卡内基坚持人一定要友好，他证明说，他曾使许多这样做的人变得非常富有，而其他的人则不可能。

我想大家已经意识到了愉悦个性的重要性，因为这个因素能使人精神饱满地为他人提供服务。如果一个人具有令人愉快的个性，且能以和谐相处的精神服务他人，那么这些资产将能弥补服务的质与量上的不足。但是，没有任何一种东西能成功地取代令人愉悦的行为。

第十三节 服务的本质也是财富

对于一个专门从事推销和服务行业的人而言，他和贩卖商品的商人完全一样，其实是在贩卖自己的服务。而且，这种人遵循的规则与贩卖商品的商人也并无二致。

我之所以要强调这一点，是因为大部分从事推销和服务业的人错误地认为，他们不必遵守贩卖商品的商人应该遵循的行为准则和责任。这其实是一种消极推销的方法，并不值得大家去效仿。

在社会发展日新月异的今天，消极推销的时代已经过去，取而代之的是积极的服务型推销，这才是最聪明的做法。

聪明的销售员懂得用智慧去提高自己的销量，他们只依赖自己聪明的头脑。大脑所表现出来的资本模式，比推销商品创造的资本价值更大，因为大脑永远不会因为经济不景气而贬值，而且这种资本也不会被窃取或被花费掉。此外，除

非与智能的大脑相结合,否则经营企业必备的资本就会如海市蜃楼般毫无价值。

第十四节 31个导致失败的原因

生活的最大悲剧就是人们热切地尝试却屡遭失败。之所以说这是悲剧,是因为这个世界的运转规律,似乎失败的人占压倒性的大多数。

我曾做过一次有针对性的调研,分析过数千名对象,其中有98%的人都是大家口中所说的"失败者"。

我发现,有31项原因会导致人们的失败,而能帮助人们积累财富的则有13项原则。本部分将重点讨论这31项失败原因。在我们阅读这些条目时,不妨将它们与自己一一进行对照,以便找出阻碍自己取得成功的失败因素。

1. 先天的劣势

例如,那些天生有智力缺陷的人,几乎没有什么办法可以弥补。这也是31项失败因素中,唯一一项无法通过个人努力去弥补的缺陷。

2. 奋斗目标不明确

没有明确的奋斗目标,就好像航行的船没有舵,根本不可能有成功的希望。在我分析的失败者当中,有98%的人不具备这种目标。或许这正是大部分人失败的主要原因。

3. 没有伟大的志向

我们认为,如果缺乏雄心壮志,对未来漠不关心,不想在人生中求发展，不愿付出代价，那么这样的人也将与成功绝缘。

4. 学历不够

这种"后天"缺陷相对比较容易弥补。经验表明，那些有能力的人，通常是那些"自力更生"或"自学成才"的人。单单一个大学学位并不能代表一个人有能力，有能力的人往往是那些清楚自己该如何去获得自己想要的东西的人。有能力不仅需要得到知识，还要有效而持久地应用知识。一个人的成功，不仅来自他的知识，更重要的在于他的"实践"。

5. 缺乏自我约束

渴望成功的人必须学会控制所有的消极思想，因为只有先控制自己，才能控制环境。自我约束是人类面对的最艰巨的任务，如果无法战胜自我，就会被自我征服。这其实是最戏剧化的一点：只需站在镜子前面，一个人就可以同时看到自己最好的朋友与最大的敌人。

6. 有严重的健康问题

没有健康的体魄，自然就享受不到取得卓越成就的喜悦。而健康不良的很多原因是可以掌握和控制的，其中的主要原因有：

（1）过度摄取垃圾食物；

（2）错误的饮食习惯；

（3）对一切持否定态度；

（4）不良性习惯或过度沉溺于性；

（5）缺乏运动和锻炼；

（6）生活环境受到污染。

7. 童年时期不良环境的影响

"歪的树苗长大之后依然是歪的。"现实生活中,那些有犯罪倾向的人,大多数在童年时期都有着"问题少年"和"交友不慎"的经历。

8. 拖延症

拖延症也是失败最普遍的原因之一。拖延症的本质就是惰性,它能够轻易破坏一个人的成功机会。很多人一生失败,就是因为他们一直都在等待"适当时机",以便开始做那些值得做的事情。我要说的是,不要拖延,因为时机永远不会"适当"。不妨选择立刻开始,先从利用身边能得到的工具做起,而且中途肯定还会遇到更好的工具。

9. 缺乏意志力

不管做什么,在一开始保持信心满满都是很容易的,难的是始终保持信心和决心,许多人正是做不到这一点才导致不能善始善终的。此外,人们一遇到失败,就容易放弃,这就是缺乏意志力的表现。意志力是不可取代的,把意志力当座右铭奉行到底的人,会发现自己身上的惰性消失了。因此可以说,失败是无法对抗意志力的。

10. 悲观消极

因为悲观消极的个性而将别人拒于千里之外的人,不会有成功的希望。成功来自对力量的运用,而力量又来自与他人的合作。悲观消极的个性由于无法促成合作,因此也无法取得任何成就。

11. 控制不了身体的冲动

在所有驱使人类采取行动的动力中,性的力量最为强大。

正因为它是一种最强烈的情绪，所以更应将其转化为其他能量，而予以控制。

12. 渴望"不劳而获"

1929年，华尔街的股市大崩盘很好地证明了靠"不劳而获"的想法是不可能取得成功的。据记载，在那次事件中，人们就是怀着投机心理，想借着股票的买卖差额大捞一把，结果以数百万人的破产而告终。

13. 优柔寡断

果断是成功人士的必备素质，他们在面对问题时往往能快速做出决断，之后如果有必要，再慢慢改进；而失败者往往花很长时间才能做出决策，而且很快就又要推翻和修改。本质上，犹豫和拖拉是一对双胞胎兄弟。只要找到其中的一个，就一定能找到另一个。因此，必须趁它们还没有将你完全束缚在失败的车轮上时，果断地消灭它们。

14. 有六种基本恐惧中的一种或多种

本书第十五章专门分析这些恐惧。要想获得成功，我们必须学会去控制这些恐惧。

15. 婚姻危机

这也是导致大部分人失败的一个普遍原因。婚姻关系使两个人保持亲密的接触，如果婚姻不和谐，失败就会接踵而至。此外，婚姻失败带来的不幸和痛苦，足以摧毁一个人所有的雄心壮志。

16. 过于谨慎

那些不敢主动抓住机会的人，往往只能捡别人挑剩的机会。俗话说"过犹不及"，过度谨慎和不够谨慎都不可取。人

生本来就充满了偶然成分，遇到机会就要果断出手。

17. 事业伙伴选择错误

这是事业失败的主要原因之一。以求职为例，一定要认真选择雇主，好的雇主能够激励人，雇主本人就是智慧和成功的化身。我们会无意中效仿身边的人，所以要选择一位值得效仿的雇主。

18. 迷信与愚昧

迷信其实是恐惧的一种形式，也是无知的表现。成功人士必须要心胸宽广，无所畏惧。

19. 职业选择错误

常言道，"男怕入错行，女怕嫁错郎"，如果从事自己根本不喜欢的职业，就不可能取得成功。取得成功的最关键一步，是选择一个职业，并全身心地投入。

20. 心浮气躁

心浮气躁的人不可能长期专注于一个目标，这正是成功的大忌。要想在财富之路上走得更远，我们要学会全心全意地专注于一个主要目标。

21. 挥霍浪费

挥霍浪费的人不可能成功，因为这样的人永远都面临挥霍一空的恐惧。我们应该养成良好的习惯，如定期从收入中拿出一定比例，存在银行中留做后用。要知道，银行存单可以让一个人活得更有底气。反之，如果没有钱做后盾，那么就必须接受别人的安排，而且还不能有怨言。

22. 缺乏热情

现实生活中，一个人如果拥有热情，并能适当地控制热情，往往会受到人们的欢迎，这正是热情的感染力。相反，如果没有热情，就不可能具备说服力。

23. 偏执

心胸狭隘很难取得任何进步。偏执说明一个人不积极获取知识，涉及宗教、种族和不同政治观念的偏执最有危害。

24. 纵欲

最有害的放纵形式其实是暴饮暴食、放纵性欲。无论是哪种形式的放纵，对成功来说都是致命的。

25. 无法融入团队

多数人丧失工作和生活中的位置和机遇，都是因为这个不足，而并非其他原因。任何明智的商人或领导者都不会容忍这个问题出现。

26. 不懂珍惜

那些富人的子女，以及继承财富的人，他们往往并不懂得珍惜自己拥有的一切，因为他们拥有的并不是经过自己的长期努力得到的。轻易得到的东西常常是妨碍成功的致命因素。因此在我看来，一夜暴富其实比贫穷更可怕。

27. 不诚实

诚实是人类与生俱来的一种不可替代的品质。有些时候迫于无奈，一个人可能一时不忠诚，也不会带来永久的破坏。但是，如果一个人有意地去撒谎，则无可救药。他的行为迟早会被发现，他付出的代价可能是失去信誉，甚至失去自由。

28. 自私自利

毫无疑问，这些品质问题好比亮起的红灯，让人不敢靠近，是妨碍成功的致命因素。

29. 靠猜测，不思考

生活中，有很多人始终无法摆脱漫不经心和懒惰的习惯，不愿费心获取用于准确的思考。他们通常喜欢根据猜测或仓促得出的"结论"行事。

30. 资金不足

这是初次创业者失败的普遍原因。没有足够的资金储备做后盾，就无法承受失败的打击，更无法在逆境中生存。

31. 在这里你还可以从自己的经历中找出一样前面未曾列出的失败原因

在我看来，绝大多数人失败的原因都在这31项失败因素中，它们体现了人生的悲剧，那些努力过但遭遇失败的人真正品尝到了这些苦果的味道。如果你能请一位了解你的人和你一起对照这些失败的原因，逐条地加以分析，将会给你极大的帮助。如果你独自对照分析，当然也可以，但对大多数人来说，往往是当局者迷，旁观者清，人们总是无法像别人那样清楚地看透自己。

第十五节　重新认识自己

古人云："知己知彼，百战不殆。"在日常生活中我们都会有体会：如果想成功地推销一种商品，就必须了解这种商品。而推销自己也是如此。必须了解自己的弱点，才能弥补或彻底摒弃不足；必须了解自己的实力，才能在推销自我时充分发挥自己的优势。

只有通过准确地分析,才能充分地了解自己;只有充分地了解自己,才能做出正确的判断和决定。

一个年轻人向一个知名企业的经理申请工作时,起初他给对方留下了良好的印象,最后经理问及他希望得到的薪水时,他竟然回答说并没有明确的要求。经理于是接着说:"我们要试用你一周后,再决定你的薪水。"这时年轻人做出了一个可以说是"最愚蠢"的决定,"我不同意,"求职者回答道,"因为我希望在这里得到的薪水高于现在任职的地方。"

毫无疑问,年轻人为自己的愚蠢行为付出了代价,这其实正显示了这个年轻求职者不了解自我的愚蠢的一面。要知道,索取金钱是一回事,但是自己的价值完全是另一回事!很多人错误地认为自己要求得到的就是自己的价值,然而事实上个人的经济要求或希望与一个人的自身价值毫不相关。你的价值完全取决于你提供服务的能力或激励他人提供服务的能力。

第十六节 定期剖析自我

就像商品的年度盘点一样,为了有效地推销个人服务,定期进行自我分析非常必要。而且,年度分析可以帮助我们改正缺点并不断进步。道理相当简单,那就是在人生的道路上,需牢记"学如逆水行舟,不进则退"的道理。一个人不是进步了,就是退步了。哪怕是原地不动,也代表着"退"。当然,一个人的目标应该是不断前进。年度分析应该体现自己是否取得了进步，具体的进步有多大，还应体现是否有所退步。有效推销个人服务需要一个人不断前进，哪怕这种进步极其缓慢。

年度分析通常放在年底来做，因为这样就可以根据分析结果，把需要改进的内容添加到新年计划中。自我分析时，可以询问自己以下问题，还应该在他人的帮助下检查自己的答案，因为他人不允许你欺骗自己，以保证答案的准确性。

第十七节 自测试题

（1）我实现今年制定的目标了吗？这个问题应该制定一个明确的年度目标，作为人生主要目标的一部分。

（2）我所提供的服务，已经是我力所能及的最好的服务吗？我还能改进这其中的任何一部分吗？

（3）我提供的服务在工作量上是否达标？

（4）我在工作过程中是否一直保持着和谐与合作的精神？

（5）我身上有没有拖拉的习惯？是否让拖拉的习惯降低了工作效率？在多大程度上影响了工作效率？

（6）我是如何改进自己的不足之处的？

（7）我是否能够从一而终地坚持自己的财富计划？

（8）我是否做到了在所有情况下都保持果断？

（9）我内心是否被六种基本恐惧中的任何一种或几种所占领，最终降低了工作效率？

（10）我是过度谨慎，还是不够谨慎？

第七章　梦想需要精心策划

（11）我在日常生活和工作中与同事的相处是否和谐愉快？如果不够愉快，原因究竟在哪里？

（12）我是否因为不够专注而浪费了自己的精力和时间？

（13）在遇到任何问题时，我是否能够以宽广包容的胸怀去面对？

（14）我自身的服务能力是否得到了提高？

（15）我放纵过何种习惯？

（16）我是否无力控制内心深处的自私？

（17）我是否在对待同事这件事上做到了公平、公正，平易近人？

（18）我的观点或决定是基于猜测还是基于严谨的分析和思考？

（19）我是否严格遵循了提前安排时间、预算支出和收入的习惯？在这些方面，我是做得不足还是过犹不及？

（20）我是否把太多时间和精力花在了无益的努力上，而忽略了那些更有意义的事情？

（21）为了提高明年的工作效率，我应该怎样分配时间并改变我的习惯？

（22）我有没有做过对不起自己良心的事情？

（23）在哪些地方，我的工作做得比我的职务所要求的更多、更好？

（24）我是否做到对所有人一视同仁？

（25）如果我是自己的老板，那么我对自己的工作满意吗？

（26）我的职业是否适合自己？如果不合适，为什么？

（27）我的老板对我的工作是否满意？如果不满意，原因

何在?

（28）在成功的基本原则上，我现在应该得到什么样的评价？（这个评价要公平和正确，要请一个认真的人为你检查这一评价）

对本章的内容进行了深入的阅读和理解后，也许你已经准备制定一份切实可行的个人简历了。本章对谋求职业计划的每项原则，包括领导者的主要特点、领导失败的普遍原因、哪些职业领域需要新的领导、各种行业失败的主要原因，以及自我分析的各种问题，都做了详尽的阐述。

每一个从谋求职业开始积累财富的人，都应该认真阅读本章内容。我们必须明白，为了取得财富，除了努力工作之外，别无他法。所以我们必须知道这些实用的思想，才能得到最大的收效。之所以讲述这些详尽的准确信息，是因为所有通过求职开始积累财富的人，都需要了解和记住这些信息。

完全了解、掌握本章传达的信息，有助于求职，也有助于提高分析、判断他人的能力。这些信息对人事主管、招聘经理和其他负责选拔员工和维持企业效率的管理者来说都具有十分重要的价值。如果对这种说法有所怀疑，可以拿出纸笔，逐条回答那28道自我分析问题，以证实其可靠性。

第十八节　财富对于每个人都是公平的

在积累财富这件事情上，每一个诚实的公民都享有同等的自由和机会。

第七章 梦想需要精心策划

如同一个人去打猎，他可以自由选择猎物集中的地方，这一点在我们寻找财富时也同样适用。如果你渴望财富，那么不要忽视那些富有的国家，单单这些国家的女性每年花在口红、胭脂和其他化妆品上的钱就在五六百万美元以上。

如果你有自己的财富梦想，那么一定要认真考虑那些每年消费数百万美元香烟的国家，还有那些人们愿意甚至渴望每年拿出数百万美元看橄榄球、棒球和职业拳击赛的国家。

除此之外你还要记住，对于积累财富的渠道来说，这些只是刚刚开始，上面仅仅提到了一部分奢侈消费品和非必需品。要知道，生产、运输和销售这几项商品，就可以给几百万人提供稳定的工作，他们的劳动付出就能得到丰厚的回报，然后他们就可以自由地购买奢侈品和必需品。

我想要强调的是，交换商品和服务的背后可能就隐藏着积累财富的大量机会，没有什么能阻止你或任何人到这个领域去寻找自己的财富之梦。

无论你是能力出众、训练有素、经验丰富，还是能力有限、初入职场，你都可以凭借自己的努力去积累财富，无非是财富数量多少的差别。天无绝人之路，财富也是如此，任何人都能凭借微薄之力在这个世界上积累财富，从而生存下来。

所以，机会其实就在你们每一个人的面前，无数的机会等待你走上前来，尽情选择，继而制订计划，付出行动，坚持到底。这个社会的规则就是，每个人都可以根据提供的服务价值而取得相应的财富，但它绝不鼓励不劳而获。

一言以蔽之：成功没有理由，失败无须借口！

第八章
决心是力量之源

第一节 克服拖延症——走向财富的第七步

拖延自古以来就是人类的敌人,有人综合了 25000 名男性和女性失败的经历进行分析,分析表明,缺乏决心,做事拖延在失败的主要原因中排在前面。如果想要成功,那么拖延就是一个必须要面对的敌人。

本书可以让你检测自己下决心的能力,并且传授你快速下决心的方法。读完本书以后,你就能够将书中的原则运用到实际行动当中。

我分析过上百个百万富翁,从他们的身上我看到了果断。他们不管做什么事情,做决定都非常果断,如果决定有问题,那么以后再慢慢修改细节。那些没有成功、没有获得财富的人,都很难做出一个决定,即便是做出了决定,也会很快将这个决定全盘推翻。

亨利·福特就是一个非常有决断力的人,他在这方面的特点非常鲜明,所以他固执的名声也是人尽皆知。但也正是因为这一点，在所有人都劝他改变主意的时候，他才能坚持自己的想法，制造出著名的 T 型车。

T 型车在当时被称为世界上最难看的车，福特做出改变的时候已经晚了。但是，车型到了晚些时候已经不需要修改了，福特坚定自己的决策，为公司创造了巨大的财富。

福特做决策时总是非常果断，甚至有些时候可以被认为是顽固、武断的，但无论如何，这总比犹豫不决要好，总比动不动就推翻自己的所有决定要好。

第二节　如何果断决策

那些不能获取大量财富的人，那些入不敷出的人，都是一些容易受到他人影响的人。不管是媒体，还是周围的人，都能够影响他们的决定，让他们失去自己的思想。

意见值钱吗？从某种意义上来说，意见恐怕是这个世界上最为廉价的东西。我们每个人都有大量的意见能够告诉别人，但是有什么好处呢？如果你不能坚定自己的决策，非常容易受到别人的影响，那么你又如何才能实现自己的欲望呢？你又能够做成什么自己想要做的事情呢？

在这里，你应该实行我们所说的第一个原则，自己做决定，自己去实施，不要让别人知道你的想法。让太多的人知道你的想法，征求他们的意见，这并不是一件好事。他们的想法可能会影响你的决定，所以最好只将你的决定告诉那些你信赖的、能支持你的人，或者是和你志同道合的人。

你的朋友、你的家人，那些会对你的决定提出反对意见的人，或许他们不是故意的，但是他们的无用的意见和故作幽默的嘲讽会动摇你的决心。这对于有自卑心态的人并不罕见，有很多人终生都有自卑的情绪，就是因为他们身边的人经常提出一些意见，而正是这些意见摧毁了他们的自信。

你的头脑是属于你自己的，所以你要利用它来做出属于你自己的决定。如果在某些情况下，你需要从别人那里得到信息和情报，那么你要悄悄地去做，不要让人知道你获得这些信息的目的。

想要培养决策力并不困难，如果你想要培养决策力，那么就努力去看，努力去听，但不要泄露你的想法。那些把话说得很漂亮的人，往往会缺少行动能力。说得多，听得少，就会失去对有用知识的积累，并且将自己的计划和目的暴露给别人，给对手一个击败你的机会。

千万要记住，当你在一个博学的人面前开口的时候，你将完全展示你自己，不管你是博学多才，还是肚子里没有墨水，都会一目了然。真正智慧的表现不是喋喋不休，而是谦虚与沉默。

世界上每个人都在寻求获得财富的机会，你身边的人也是这样。如果你总是将自己的计划轻易地告诉别人，那么总有一天，你给予厚望的计划会被其他人捷足先登。

想要获得财富，你需要做出什么样的决定呢？第一条毋庸置疑，就是闭上嘴巴，保持沉默，努力去看，努力去听。

如果你担心自己会忘掉这一要领，那么你可以将其写在纸上。每天都看见"先做后说"这四个字，也会对你有提醒作用。当然，这句话的意思你也可以理解为"说得好不如做得好"。

第八章　决心是力量之源

第三节　不自由毋宁死

要想有勇气不顾一切地做出决策，那就必须要有坚定的决心。任何伟大的事情，甚至是人类的生命，都做出过很多冒着死亡危险的决定。

当林肯决定发表著名的《奴隶解放宣言》，给美国黑人以自由，并为此发表讲话时，他就已经做好了准备。他知道，自己的这一行为将会导致成千上万的人、他身边的朋友、政府众多的官员，开始与他离心离德。

苏格拉底服毒而亡，但他宁可去死，也不肯放弃自己的信仰。这个决定是勇敢的，是伟大的，正是这个决定将历史推进了 1000 年。他为当时尚未出生的众多人争取到了思想和言论上的自由。

美国南北战争时期，罗伯特·李将军脱离了联邦，坚持为南方服务。这个决定也是非常勇敢的，在他做出决定的时候，他已经准备好了为这个决定奉献自己的生命，并且将众多士兵的生死承担在了自己身上。

第四节　绞刑架前的 56 个人

每一个美国人都应该铭记，那个在 1776 年 7 月 4 日所做出的决定。那天，在费城，56 个人把他们的名字签在了一份文件上，如果事情成功了，那么这份文件会给所有的美国

人以自由；但如果失败了，这56个人都将面临绞刑的惩罚。

这份著名的文件你一定不陌生，但是你又对它的意义理解了多少呢？我猜你可能并没有从中领悟到它传达出的非常明确的，如何获得个人成就的道理。

我们记得这份文件签署的日期，记得这份文件签署的地点，但是却没有人能够体会签订这份文件需要有多大的勇气。不管是历史书上的记载，还是文献上的记载，都只有华盛顿的名字、约克镇的名字。但是，在这些事情的背后，时间、地点、每一个人，他们背后有着多么强大的力量呢？我们不知道。我们更加不知道的是，当华盛顿的军队抵达约克镇的时候，他们已经拥有了这股力量，已经掌握了让后来的美国人获得自由的力量。

历史的记载，撰写史书的人，并不能描述出这种力量，而正是这种强大的力量创造了这个为全世界树立独立新典范的国家，给这个国家带来了自由。历史中最大的悲剧莫过于此，因为每个人都需要这种力量，一旦拥有了这种力量，那么跨越人生的障碍将不会成为问题，每个人都能从生活当中获得应有的回报。

1770年3月5日的波士顿，就是故事开始的地方。正是这种力量，在故事当中创造了历史。英国士兵在波士顿的街上巡逻，他们利用武力恐吓当地的居民。殖民地居民痛恨这些全副武装向他们示威的士兵，为了宣泄愤怒，他们开始向士兵投掷石头，大声地叫骂。这些士兵在指挥官的命令下，在枪头上装了刺刀。这场战斗的伤亡是非常惨重的，整个殖民地居民的怨恨都爆发了。殖民地公会组成的议会展开了会议，他们做出决定：要将英国军队赶出波士顿。

那么，力排众议做出决定的是哪两个人呢？让我们记住他们的名字：约翰·汉考克和塞缪尔·亚当斯。他们做出的决定为如今的美国人赢得了自由，他们拥有足够的勇气去做出决定，不管这个决定是多么的危险。

会议结束之前，塞缪尔·亚当斯被议会派遣去拜访当地总督哈奇森，要求他撤走英国军队。总督批准了他的要求，军队撤出了波士顿，但是事情却没有因此结束。这件事情只是一个开始，是一个注定改变整个文明趋势的伟大开始。

第五节 智囊团的诞生

理查德·亨利·李在这个故事当中扮演了不可或缺的角色。塞缪尔·亚当斯经常与他通信，并且毫无保留地交换彼此的意见，表达自己希望殖民地会变成什么样子，对未来又有哪些忧虑。通过这种方法，亚当斯想到了一个绝妙的主意，如果13个殖民地都能互相通信，那么就能够产生一种合作精神，用来解决所有殖民地之间产生的问题。

在波士顿事件结束两年以后，亚当斯正式提出了他的设想，在每个殖民地都设置一个通信委员会，并且安排固定的通信员，这有助于改善英国各殖民地之间的友好合作关系。这种合作为带来自由的力量提供了基础，而这个通信组织就是智囊团。亚当斯、汉考克、李都是这个智囊团的成员。

通信委员会成立了，各殖民地分别对英军进行军事抵抗已经成为过去。这些抵抗事件除了伤亡,没有为殖民地带来任何好处。每个殖民地都有自己的不满,每个人都有自己的不满,但是这些力量如果不能被集合起来,如果没有智囊团领导,如果不能正确地朝着一个唯一的目标去努力,那么想要解决和英国人之间的问题是不可能的。这种情况的终结,就是因为汉考克、亚当斯、李他们走到了一起。

英国人也不是无所事事的,从善如流的英国人马上效仿他们组建了属于自己的智囊团。而且,英国人的智囊团有更多的资金、更多的军队给予支持,显然比英国殖民地之间所建设的智囊团更好。

第六节 那个决定改变了历史

英国皇室派遣盖奇取代了哈奇森马萨诸塞州总督的位置,新官上任三把火,他烧的"第一把火"就是派人恐吓塞缪尔·亚当斯,让他不要再煽动殖民地开展反对英国的活动。

担任盖奇使者的是芬顿上校,他与亚当斯的对话也被历史铭记了下来,从这个对话当中,我们不难看出当时殖民地智囊团的处境。

芬顿上校:"盖奇总督派我前来做出一些保证。亚当斯先生,如果您能够停止与英国政府的对抗,停止一些反抗的决策,那么总督会付给你让你心满意足的报酬。总督的建议是希望您不要再让陛下感到不愉快了。您的行为触犯了《亨利

第八章 决心是力量之源

八世法案》，根据这个法案，总督完全有权力将您送到英格兰接受审判，罪名是叛国罪和包庇罪。如果您能够改变政治倾向，那么您的个人安全将会得到保证，并且还会获得一笔不菲的个人收入。"

此时的亚当斯来到了一个十字路口，他可以选择停止抵抗，接受英国政府给出的条件；也可以继续抵抗，但是这条路的终点很有可能就是绞刑架。亚当斯做出了自己的选择，即便是这个选择严重地威胁到了自己的性命。他要求芬顿上校将他的话一字不变地传达给盖奇总督。

亚当斯说："现在你可以告诉盖奇总督，我会坚持我自己的决定，保持与国王陛下的良好关系。但是，不管有多少诱惑，都无法让我抛弃正义的事业。你还要告诉盖奇总督，塞缪尔·亚当斯对他也有一条建议，那就是不要侮辱一个已经愤怒的民族的情感。"

盖奇总督收到亚当斯挖苦般的回答以后，勃然大怒。他马上签署了一份公告，这份公告的内容与宣战无异。公告的详细内容如下："现在，我以国王陛下的名义宽容那些愿意放下武器、当守法公民的人。但是，塞缪尔·亚当斯和约翰·汉考克不在此列。他们两个人罪大恶极，会受到应有的惩罚。"那么，亚当斯和汉考克就是在劫难逃了吗？英国政府表现出的愤怒再次逼迫他们两个铤而走险，做出了一个决定。他们召集那些反对英国政府、支持殖民地的人，召开了一个秘密会议。

会议召开以后，亚当斯锁上了大门，把钥匙放在了自己的口袋里。他告诉所有的出席人员，殖民地居民的议会是最为紧急的，在成立议会的决定权产生之前，没有人能够离开这个房间。他的这个举动马上就引起了骚动，有些温和派的人认为这件事情可能会带来无法弥补的后果，与皇室对抗是不会有好下场的。但是，汉考克和亚当斯是房间中两个不怕失败，没有恐惧的人。在他们的影响下，其他人纷纷做出决定，通过通信委员会，于1774年9月5日召开第一次美洲大陆会议。

1776年9月5日是一个值得铭记的日子，这个日子的伟大程度超过了1776年7月4日。如果没有做出召开大陆会议的决定，或许就不会有独立宣言的签署。在第一次大陆会议召开之前，在北美大陆的另一个地方，有一位领导者正在艰难地出版《英属美洲的权力概览》。他就是伟大的托马斯·杰斐逊。杰斐逊与弗吉尼亚管理者邓莫尔勋爵之间的关系，就如同亚当斯和盖奇总督那样糟糕。

《英属美洲的权力概览》发表以后，杰斐逊就知道，他必定会因为侵犯皇室的权益、背叛皇室而遭到迫害。即便他早就料到了后果，但他仍然坚持做了这件事情。他的一位同事帕特里克·亨利说过一句非常经典的话："如果这叫作叛国，那么我们就叛国到底吧。"就是这样，杰斐逊和他的同事在没有权力支持，没有自己的军队，甚至没有钱的情况下，每天都在忧心殖民地的命运。

第一次大陆会议召开后的第二年，理查德·亨利·李站了出来。他成了会议主席，向会议成员们提出了这样一个建议："先生们，我提议，这些联合的殖民地应该是独立的国家，我们有这样的权力。美洲大陆上的各州应该摆脱英国皇室的控制,应该脱离与大不列颠的政治联系。"

第七节 最重要的书面决定

理查德·亨利·李所提出的建议震惊了在座的所有人,随后人们围绕这个建议展开了激烈的讨论。讨论的激烈程度超过了所有人的想象,几天的时间过去了,居然还没有讨论出结果。李已经没有耐心了,他打断了人们的讨论,说:"先生们,我们还有什么理由继续拖延下去?是什么让我们犹豫不决?是什么让我们不能做出一个决定?今天是个快乐的日子,我们就在今天创建美利坚合众国吧!我们会让这个国家站起来,重建和平与法律的统治,而不是让她毁灭和压制和平与法律。"

李没有等到他的建议通过就起身离开了,他在弗吉尼亚的家人生了重病。但是,他在离开之前将这个艰巨的任务托付给了他的好友,他事业的伙伴——托马斯·杰斐逊。杰斐逊表示,他愿意为了这个伟大的事业而努力,直到开始进行这项事业的行动。在一段时间以后,汉考克以会议主席的身份宣布组建一个委员会,并推举杰斐逊为主席,开始起草《独立宣言》。

毫无疑问,《独立宣言》在人类史上是一份伟大的宣言。想要完成《独立宣言》并不容易,委员会花费了大量的时间,付出了许多艰辛的劳动。并且,大陆会议通过《独立宣言》

的时候，殖民地、大陆会议与英国的战斗就开始了。他们只能成功不能失败，如果他们失败了，那么独立宣言就是他们的死亡判决书。

文件拟定完成以后，大陆会议宣读了这份草案。在接下来的几天里，大陆会议的成员们开始讨论、修改、完善这份文件。1776年7月4日，托马斯·杰斐逊在大陆会议参与者的面前，毫无畏惧地宣读了这份有着重大意义和重大影响的书面决定。

在人类的历史进程中，当一个民族必须要解除和另一个民族的政治关系，并且认为人类拥有独立和平等的权力是大自然所赋予时，那么他们应该尊重这份崇高的人类意志，应该大胆地宣读他们的思想，因为正是这种思想，驱使他们去为人类的独立和平等奋斗。杰斐逊宣读完毕以后，大陆会议开始了投票。投票结果显而易见，有56个人在这份文件上签署了他们的名字。这可能是他们人生中最为阔绰的一场豪赌，赌注就是他们的生命。

《独立宣言》诞生的背后有着太多太多的故事，但是我们有理由相信，如今在世界上享有崇高威望和权力的国家之所以能够诞生，与这56个人组成的智囊团所做出的决定是分不开的。特别是要注意这样一个事实，他们的决定能够让华盛顿节节胜利，因为这个决定不仅是一个决定，其更是化成了战无不胜的精神，融入了每个战士的身体和精神，成为他们勇于向前的动力。

《独立宣言》的起草，美洲大陆的团结一心，美利坚合众国的诞生，这些最根本的原因都是为了保证个人利益，而无数个人的个人利益组成了保护国家自由的强大力量。这种力量是每个人都拥有的，每个想要掌握自己的命运的人都应该运用的。这种力量就是本书当中讲述的原则的集合体。在这个故事里，我们又可以发现六条原则，它们分别是欲望、决定、信心、毅力、智囊团和精心策划。

第八节 想得到什么，就要先想到什么

计划的重要性毋庸置疑，在任何情况下，一件需要付出努力才能得到的东西，总归要先有一个想法。因此，我们就能够从中得到一条总结性的理论：强烈的欲望可以产生一种意念，而这种意念对于实现你的欲望是非常有用的。我们在前面讲述的几个故事里都描述了让人们的意念发生巨大转变的方法，然而，寻找这种方法也不是完全没有窍门的，至少我们不能将希望寄托于奇迹。你能找到奇迹吗？这个概率实在是太低了，在这个世界上，奇迹每天都在发生。但是算上全世界的人口数量，找到奇迹的人就变得凤毛麟角，你能发现的只有自然界中不变的法则。这些法则适用于有信心、有勇气面对大自然的人，并且这些法则对人、对国家都非常有益，它可以让一个人获得大量的财富，甚至可以为一个国家带来自由。

那些能够果断做出决策的人，他们非常清楚地知道自己想要的是什么，所以总是能够获得自己想要的东西。任何行业的领导者都具有做决策的能力，这也是他们能够成为领袖人物的重要原因。当一个人，他的一举一动都能够展现出巨

大的目的性,他每一秒都知道自己要去向何方的时候,那么全世界的麻烦都会为这个人让路。

不能做决定、犹豫不决,会逐渐成为一种习惯,并且是一种非常顽固的习惯。它能够让一个人浑浑噩噩地度过一生,不管是他的学生时代还是未来的生活。最明显的一点是,犹豫不决会让人难以选择自己的职业。很多人在离开学校以后,所选择的职业并不是他们想要做的职业,而是他们能够做的职业,这也是因为他们无法做出正确的决定,无法摆脱犹豫不决这个习惯。而今天,数以万计的人为了生活而四处奔波,他们中98%的人一事无成的重要原因就是他们不能下定决心,为自己规划一个适合自己的职业,一个更加高端的职业、更加使自己感兴趣的职业,甚至他们都不能选择一个好的老板。

想要果断地做出一个决定是需要非常大的勇气的,甚至有时候这种勇气不亚于生死抉择。

伟大的《独立宣言》上有56个名字,这56个人将自己的生命作为赌注,压在了这份文件上。那些有明确目标,能够为自己找到一个合适职业的人,那些渴望在生活当中得到回报的人,他们不会使用生命当成赌注。但是他们的赌注同样可观,他们的赌注是自己能够处于经济自由的状态。经济上的自立、自由,财富的积累,自己喜欢的事业和有一定高度的地位,那些不愿意做决定,不愿意做规划的人,是永远都不可能得到的。如果你能向当年的塞缪尔·亚当斯那样做决定,拿出自己所有的勇气来,那么你肯定能够获得理想中的财富。

第九章
毅力是成功的保证

◀第一节 坚持不懈的信心——走向财富的第八步▶

毅力是致富道路上一个非常重要的因素，它是不可或缺的，它是欲望实现过程中必不可少的因素。而毅力的基础，则源自我们的意志力。欲望和意志力在一起的时候会迸发出惊人的力量，任何一个志向高远，想要积累大量的财富、取得一定地位的人，都会被其他人看作冷酷无情的人，所以经常会被人们误会。他们能够将自己的意志力和毅力融合在一起，让欲望作为指引目标的标记，不断前进，最终实现自己的目标。

遇到挫折和困难就放弃自己目标的人占了大多数；那些坚持不懈地朝着目标前进，跨越一切困难，摆脱一切逆境的人只占少数。所以，能够实现目标的人并不多。

"毅力"这个词是非常朴素的，它没有什么引申义，也没有什么隐藏起来的伟大含义，但是这种品质对于塑造一个人的性格是必不可少的，就如同碳素和钢的关系一样。

想要积累你的财富，那么你就必须能够熟练地运用本书中所讲述的哲理中的十三个元素。那些渴望财富的人，即将取得财富的人，必须能够理解我们所说的这些原则，并且利用他们的毅力保证这些原则能够被正确地实施。

第二节　测测你多有毅力

你为什么阅读本书呢？如果你想要运用本书中传授的知识，那么在读到第二章第六个步骤的时候，你就已经遇到一次毅力考验了。全世界有80亿人，只有2%的人能够有一个前进的明确目标，他们会制订自己的计划，而计划的终点就是自己想要的目标。如果你不是这2%中的一员，那么你可能在读了本书之前提到的要求以后，仍然按照自己本来的生活步骤生活，而没有按照我们的要求行事。

人们失败的重要原因之一就是缺少毅力，成千上万的人的经验告诉我们，缺乏毅力不是单单出现在某个人身上的问题，而是大多数人都有的一个缺点。只要能够坚持不懈地努力，那么这个缺点其实是可以弥补的。但是，你是否能够克服缺少毅力这个坏习惯，与你欲望的大小有着非常巨大的关系。

接着往下阅读，到本书的结尾以后再回到第二章，马上开始实施那六个步骤。你有多大的意愿遵循这些要求，就是对你对财富有多少欲望的体现。如果你的反应并不热烈，那么说明你的"金钱意识"并不强烈，因此想要积累财富也不是一件容易的事情。

财富会去向哪里？就如同河水汇入大海一样，财富总是朝着那些愿意接纳它们的人流去。如果你觉得自己是一个缺少毅力的人，那么你就要认真地阅读本书第十章"运用智囊团"。你身边有一群可以称之为智囊的人物，通过与智囊们的共同努力，你也可以逐渐产生毅力。在"自我暗示"和"潜意识"这两章中，也介绍了一些培养毅力的方法。按照这些方法去做，你就能慢慢地将你的欲望传达给你的潜意识。如果你能够做到这一点，那么你就拥有了足够的毅力，从而与缺乏毅力断绝关系。不管你是醒着还是睡着，你的潜意识都在工作，一刻都不会停歇。

第三节　你拥有的是"金钱意识"还是"贫穷意识"

使用这些原则要持之以恒，如果你"三天打鱼两天晒网"，或者偶尔才使用一次，那么这些原则对你来说没有任何意义。如果你想要得到一个满意的结果，那么你就需要严格遵循这些原则，并且将这些原则变成你自己的习惯，这也是培养"金钱意识"的唯一途径。

贫穷不被改变，主要是因为贫穷的人往往安于贫穷。同样，财富也是如此，你越是张开双臂迎接财富，那么你就越是会得到财富的垂青。贫穷意识就存在于那些没有金钱意识的人的脑海里，甚至不需要有任何培养，就能够自然形成。金钱意识则不同，它必须要经过培养才能产生，很少有人一

生下来就具有金钱意识。

如果你能够理解上面那段话的重要性,那么你就会明白毅力在你追逐财富的道路上是多么的重要。如果一个人缺少毅力,那么在开始行动之前他就已经失败了。只有毅力才是获得胜利的根本,才是通往胜利之路的奠基石。

或许一场噩梦就能够让你们明白毅力的巨大价值。当你躺在床上时,半睡半醒之间感受到了让你窒息的压迫,但是你没有力气翻身,甚至连一个手指头都动不了。到时,你就明白必须要寻找到自己肢体的力量,重新让身体回到你的掌控之中。只有通过你意志力的不断努力,你才能找回身体的感觉,你的手指才能开始行动。你继续活动你的手指,然后就获得了更大的力量,你的手臂也可以动了。到了最后,你已经有力量举起你的手臂了。用同样的方法,你很快就能活动你的另一条手臂,接下来是一条腿,然后是另一条。最终,你取得了整个身体的控制权,这是你用了极大的毅力才得到的结果。你从你的噩梦当中挣脱了出来,所谓的奇迹就是利用毅力这样一步步的诞生的。

第四节 如何摆脱思想上的惰性

摆脱身体上的惰性,需要你用极大的意志力来控制你的身体,一步步从控制手指到控制全部的四肢,最后从噩梦当中醒来。摆脱思想上的惰性所使用的步骤和控制你的身体类似,你在最开始的时候只能控制自己的一点点意志力,慢慢

第九章 毅力是成功的保证

来，慢慢地加速，最后就可以完全掌握自己的意志力。这个进程可能很缓慢，但是只要你坚持下来，只要你有足够的毅力，那么成功并不遥远。

如果你在挑选"智囊团"的时候花费了一些心思，那么其中必定有一个人会让你变得更有毅力。那些积累了大量财富的人，有一部分人就是这样做的，这不是因为其他原因，而是因为他们认为这件事情是有必要的，是能够对自己有所帮助的。他们之所以能够养成有毅力的好习惯，就是因为环境在不断地驱策他们，让他们不得不变得坚忍不拔。

毅力的作用远远超乎你的想象，任何一个有毅力的人都几乎不会失败，它就像是为那些成功者上了一份保险，不管前方有多少困难，会面临多少逆境，他们都不会失败。有时，冥冥之中好像有一个引导者一样，它的任务就是检验一个人是否能够经得起失败与挫折的考验。只有不断跌倒又不断爬起来继续前进的人才能抵达梦想的彼岸，才能收获胜利的果实。当他们成功的时候，全世界都会为他们欢呼。但是，如果过不去这一关，倒在了困难与挫折面前，那么你将不会感受到任何成功的喜悦，注定与胜利擦肩而过。

那些经受得住考验的人，必定会得到丰厚的回报，不管他们想要的是什么，他们的目标是什么，总会实现。这是对他们坚忍不拔的补偿，这是命运所带来的财富。他们所得到的远比想象的更多，不仅有大量物质上的财富，更是让自己的成功结下了一颗果实。他们在挫折当中学到了一个道理，那就是每一次失败都蕴藏着一颗具有同等价值的成功的种子。

第五节 将失败踩在脚下

并不是所有人挫折的果实都能够成功发芽,有些人在挫折当中体会到了毅力的重要性,所以失败在他们眼中只是生命中短暂的经历,只有那些欲望、执着、追求才是真的,这种失败才能够变成成功。我们不妨以一个旁观者的角度来观察人们是如何面对失败的,大多数人在失败以后会一蹶不振。所幸,有少数人将失败化成了继续前进的强大动力,更加令人欣慰的是,他们会从此拒绝接受生活中的一切逆境。

可惜不是所有人都能够看见这种不畏惧失败的精神,大多数人都会怀疑是否有人真的能够坦然地面对失败,坦然地接受失败,不把失败当作一回事。支撑人们在挫折面前不断抗争的力量是悄无声息的,这种力量是不可抗拒的,是伟大的,是能够冲破一切的。而这种力量就是我们所说的毅力。如果一个人缺少毅力,那么无论他做什么事情都不可能成功。

现在,我抬起头来看着前方,在不到一个街区远的地方就是充满神秘色彩的百老汇。百老汇是希望破灭的坟墓,但同样是充满机会的舞台。世界各地的人们都来到百老汇寻找他们想要的东西,这里有名声,有财富,有地位,有爱情,还有成功。只有少数人能够在众多淘金者中脱颖而出,这个时候,整个世界都会听到这个人在百老汇成名的事情。但是,百老汇不是一个能被轻易跨越的地方,她欢迎人才,能

第九章 毅力是成功的保证

够辨别谁才是真正的天才，并且给他们真正值得的回报。给予这些回报是有前提的，那就是当他们失败的时候也不放弃。我们甚至可以说，那些永不言弃的人找到了征服百老汇的秘诀。

这个秘诀就是毅力，这并不是常人难以企及的。凡妮·赫斯特的发迹史中就揭示了这个道理，她用自己的毅力征服了百老汇的"白色大道"，这条大道入夜以后如同星光一样灿烂。她1915年来到纽约，渴望能用自己的写作来创造财富。当然，她经历了失败，她没有一鸣惊人，但是她最终实现了自己的目标。她每天白天都努力地写作，每天晚上都憧憬着希望。当她感到希望越来越暗淡的时候，她没有向百老汇投降，反而向百老汇正式宣战，她认为百老汇能够击败其他人，但是绝对不可能击败她，她坚信最终一定能够征服百老汇。

《星期六晚报》曾36次拒绝刊登她的消息，但是最终她化茧成蝶，让读者们真正地了解了她。有不少怀抱着作家梦的年轻人，在遭到一次拒绝以后就放弃了自己的事业，而她一直努力了四年，因为她有毅力，她告诉自己一定能够成功。

生活是公平的，她的努力换来了巨大的回报。凡妮·赫斯特经受住了毅力这位指导者的考验，出版商们如流水一般接踵而来，财富就如同洪峰一样汹涌地扑来。紧接着，来找她的人变成了电影人，她的财富也从一个湖泊变成了大海。

简单来说，你应该已经知道毅力能够让你获得成功，凡

妮·赫斯特并不是一个例外。不管一个人是如何积累自己的财富的，但有一点我们能够肯定，这个人一定有非凡的毅力。百老汇是仁慈的，她会施舍给乞丐一杯咖啡、一个三明治，但是对于那些不想成为乞丐，想要实现自己梦想的人，就必须让他们通过毅力的考验。

如果凯特·史密斯能够读到本书，那么她一定会深有感触。她已经站在麦克风前演唱了很多年了，没有金钱收入，也没有名声。百老汇告诉她："如果你能够握住麦克风，那么就来赢得属于你的财富吧。"到了最后，百老汇不耐烦了，她要求凯特·史密斯开出自己的身价，前提是她敢于面对一次次的失败，有毅力坚持握住麦克风。胜利的日子就在今天，史密斯获得了一个非凡的身价，收获了属于自己的那一颗果实。

第六节　培养毅力的方法

我们一再强调毅力的重要性，但同时也在不断强调毅力是非常普通的东西，每个人都能够拥有。这是因为毅力是一种心态，一种我们每个人都能够得到的心态。就如同其他心态一样，毅力的形成也是有原则的。

1. 目的

想要培养毅力，那么第一步必须要明白自己想要什么。只有明白了自己想要什么，才能产生强大的力量，驱使人克服将来会发生的一切困难。

2. 欲望

你的欲望越强,越是想要得到你想要的东西,越是想要实现你的目的,那么你就会越有毅力。

3. 自信

你相信自己吗?相信自己有能力实现你的计划吗?只有你相信自己,你才能够坚持不懈地去执行你的计划。

4. 计划

一个好的计划,条理是非常清晰的。然而,不是每个人做的计划都是尽善尽美的,但即使是不完美的计划、不好的计划,同样也对激发人的毅力有着巨大的帮助。

5. 自查

"知己知彼,百战不殆。"只有知道自己有多么可靠,再加上你所拥有的经验和知识,你才能产生强大的毅力。如果你不能够做到自查,不能正确地认识自己,仅仅靠猜测就开始做事情,那么你的毅力就会毁在你自己的手里。

6. 合作

没有人能够独自成功,你需要帮助。他人的同情和理解,以及一些密切的合作会让人源源不断地产生毅力。

7. 意志力

不管做什么事情,你都需要将自己的全部精力集中在你的计划上,以完成你的目标。久而久之,这就形成了一个习惯,会让人产生毅力。

8. 习惯

毅力是由习惯而来的,是习惯的直接产物,是习惯的延续。每天你的大脑都会向你发出指令,告诉你需要做什么事

情。这些事情最终成为你每天都要经历的一部分事情,这就是惯性。人类最大的敌人是恐惧,即便是这种最大的敌人,仍然可以通过不断重复的勇敢的行为去克服。

第七节 评价自己多有毅力

毅力这个主题即将结束,但是在结束之前,不妨进行自测,看看自己是否有毅力。如果自己没有毅力,那么缺少的又是哪些素质,有多少的不足。现在,我们来一点点地审视自我,看看自己缺少以下八个因素中的哪一个。这个自我评价的过程能够让你重新认识自己,能够让你找到成功道路上最大的敌人,能够让你找到没有毅力的根本原因是什么。

如果你渴望认清自己,认清你自己的能力,那么请你认真地分析下面的清单,正确地认识你自己。所有渴望获得财富的人,都必须要克服以下弱点:

(1)不能认清自己想要什么,不能确定自己想要什么。

(2)有拖延症,不管有没有理由,都可以找到一大堆托词和借口拖延你要做的事情。

(3)对获得一些有帮助的专业知识毫无兴趣。

(4)不能正确地看待问题,面对问题的时候不能够下决定,甚至在生活和工作当中,经常把问题推给别人,让别人来为你做决定。

(5)出现问题的时候,脑海中的第一个念头不是寻找解决的办法,而是想着如何推卸责任,把责任推卸给谁。

(6)自大。自大是一种非常顽固的心态,对你一点儿好处也没有。

（7）缺少热情。面对生活缺少积极向上的态度，面对问题的时候容易妥协，没有与逆境抗争的勇气。

（8）容易迁怒于人。自己犯下的错误，马上就开始责备别人，面对逆境的时候只能被动地接受。

（9）由于动机不够明确，因此缺少强烈的欲望，也没有前进的动力。

（10）一旦遇到挫折，就马上想要放弃。

（11）做事马马虎虎，计划条例不够清晰，甚至完全没有书面计划。

（12）你有一个构想，却不去行动；你遇到一个机会，却无动于衷。

（13）有无数的愿望，却没有付出任何行动。

（14）安于贫困，想要致富却不去努力。展开来说，就是缺少雄心壮志，不去努力成为自己想要成为的人，不去做那些自己想要做的事情，不想拥有自己想要的东西。

（15）好高骛远，总是想着一夜暴富，不停地寻找致富的捷径，从来不想脚踏实地地去努力。赌博心态严重，总是想要做一个投机分子。

（16）害怕别人的批评，容易受到他人的影响。不能制订自己的计划，即使制订了也实施不下去。

最后一条是缺少毅力的人最大的缺点，因为这个缺点表现得并不十分明显，但是却非常顽固地埋藏在人们的潜意识里，以至于我们很难发现它的存在。

第八节　如果你害怕批评

害怕批评是一件非常严重的事情，绝对不能轻视。那些害怕批评的人，会心甘情愿地接收到亲人、朋友或者其他人的摆布，永远不能追求自己想要的生活。婚姻也是如此，很多人选错了自己的终身伴侣，结果吵架成了一件经常发生的事情，这一生过得痛苦不堪。但是，他们不敢放弃一段错误的婚姻，也不敢纠正在婚姻当中出现的错误，因为这会遭到其他人的批评。很多人在离开学校以后就放弃了接受更多的教育，因为他们害怕被人批评。害怕批评会毁掉你的斗志，会让你的人生止步不前，让你失去进取的欲望。

人们因为害怕批评，所以任由亲人以责任的名义来摆布自己，因为你听从了亲人的话，承担了所谓的责任，你就失去了机会，毁掉了自己的抱负，甚至就连追求自己想要的生活的权利都被剥夺了。人们不愿意尝试任何机会，因为一旦失败，就会遭到他人的批评。面对这种情况，人们害怕批评的心态甚至会压过渴望成功的心态。

很多人不愿意为自己设定一个远大的目标，就连选择职业的时候都没有寻找自己喜欢的职业。他们不敢有梦想，因为害怕他的亲人和朋友会说他好高骛远。安德鲁·卡内基让我用20年的时间总结个人奋斗成功学的理念，我的第一个反应就是害怕别人的评价，万一批评更多怎么办。

卡内基的建议为我设定了一个更为远大的目标，这个目标超过了我之前做过的所有事情。我害怕失败，害怕批评，

第九章 毅力是成功的保证

我马上就开始在脑子里找各种各样的托词和借口了。我的心里一直有一个声音对我说："你不能这样做，这项任务实在是太艰巨了，需要花费的时间实在是太多了。而且你的家人会怎么看你，你在这段时间里又从哪里获得收入呢？而且，组织一套成功学理念这件事情还从来没有人做过，我又何德何能，觉得自己能够做到？如果别人知道了这件事情，一定会认为你发疯了。不要忘记你自己是干什么的，你懂得什么理念？你又凭什么夸下海口？这件事情的难度一定超过了你的想象，不然为什么之前没有人做过呢？"这些问题源源不断地涌入我的脑海，让我不得不认真地考虑要不要接受卡内基的建议。

虽然我知道，这一切只是在脑海中的一个想法，但是我却感觉全世界的目光似乎都放在了我的身上，都在嘲笑我，让我放弃实施卡内基先生建议的所有欲望。

在当时，我的欲望还没有完全支配我，我有机会抛弃它。后来在我的人生中，我分析过太多太多的人，发现很多人在形成一个构想的时候，是缺少根本生命力的。只有那些明确的计划和及时的行动才能赋予一个构想足够的生命力，让它开始拥有生命的气息。呵护一个构想最重要的时候就是它刚刚开始形成的时候，只要它存在一分钟，就要多给它一分钟的机会。

害怕批评就是众多构想的杀手，是构想破灭的根本原因。只要你还在害怕批评，那么你的构想就永远无法进入计划阶段，更别说是行动阶段。

第九节 定做属于你的机遇

对于机遇，人们往往会说机遇是可遇不可求的，甚至经常将物质方面的一些成功归功于幸运，归功于一次千载难逢的机会。这种观点并不是没有依据的，但是在这个世界上，并没有完全以幸运作为成功的支持的。那些想要完全依靠运气的人，最终都迎来了让他们非常失望的结果。他们忽略了一个非常重要的因素，那就是机遇是可以定做的，而定做机遇需要大量的支持。

在美国经济大萧条时期，喜剧演员费尔兹损失了自己所有的钱，他失去了工作，失去了收入来源，就连过去赖以为生的方式都已经不复存在。他已经不年轻了，当时的他已经快60岁，在他所处的行业里已经是一个老年人。他希望自己能够东山再起，于是他开始在电影业里做一些义务工作。新工作的开展并不顺利，甚至可以说是非常艰难的。在他最艰难的时候，他还弄伤了自己的脖子。对于很多人来说，这已经到了该放弃的时候。不过费尔兹没有放弃，他坚持了下来，他知道，机遇早晚有一天会降临在自己的头上。最终，他成功了，他找到了属于自己的机遇，这不是因为侥幸，而是因为他的坚持不懈。

玛丽·德雷斯勒快到60岁的时候，发现自己的经济状况非常差，可以说是穷困潦倒，一无所有，既没有工作又没有存款。她开始寻找属于自己的机遇，她坚持不懈，充满毅力，在她老年的时候获得了令人震惊的成功，尽管所有人都知道她当时已经超过了实现自己抱负的年龄。

第九章 毅力是成功的保证

1929年，股市崩盘。艾迪·坎托在股市中失去了自己所有的钱。但是他并不是一无所有的，他知道自己还有毅力和勇气。他相信凭借自己的毅力和勇气，能够东山再起。他有一双与众不同的眼睛，凭着自己的努力，很快就赢得了一周1万美元的收入。如果一个人有毅力，即便他没有其他的品质，那么他的发展也不会停滞不前，甚至有时候会出人意料的一帆风顺。

没有什么机遇是不需要付出的，人们最值得相信的机遇就是自己所创造的那个。毅力可以创造机遇，特别是在有着明确目的的时候。

你可以随机调查你所遇到的100个人，问问他们在生活当中最想要的东西是什么，相信有98个人不能给你一个坚定的答案。进一步追问，有些人会告诉你安全，也有一些人会告诉你金钱。有些人会选择将幸福当成他们最想要的东西，也有一些人认为名誉和权力才是他们人生当中最重要的目标。生活舒适，或者是一些能够让人钦佩的才能，也会是人们希望的目标。但是，没有人能够明确地说明，他们要如何取得他们想要的这些东西，他们就连一个实现计划的模糊的愿望都没有。财富不会回应愿望，只能通过欲望的力量，通过不断努力和坚持不懈的毅力来回应你的计划。

第十节 如何培养你的毅力

培养毅力并不困难，仅仅需要四个简单的步骤。这些步

骤与你是否拥有智慧,是否拥有充足的知识,甚至与你是否足够努力和能不能花费时间都没有关系。那么,这四个简单的步骤是什么呢?

(1)拥有强烈的欲望,在欲望的驱使下找到明确的目的。

(2)有了计划,就要行动起来。不断地行动,会使你离你的目的越来越近。

(3)不要受到任何消极懈怠思想的影响,无论这些思想来自你的亲人、朋友还是其他任何人。

(4)结交一个或者几个能够鼓励你,让你按照计划和目标行事的人。

如果你能够遵循这四个步骤,那么你就能从中获得大量的好处。你可以通过这四个步骤掌控自己的经济命脉,可以通过这四个步骤完成自己的思想自由和独立,可以通过这四个步骤让你的经济水平达到小康或者富有的状态,可以通过这四个步骤来找到属于你的机遇,可以通过这四个步骤让你的梦想得以现实,可以通过这四个步骤战胜恐惧、沮丧、冷漠等负面情绪,可以通过这四个步骤获得阶段性的回报。这四个步骤能够让你掌握自己的命运,能够让你从生活当中获得自己想要的一切。

第十一节 克服困难的诀窍

坚毅的人总是能够克服他们遇到的困难,这其中是不是有什么神秘的力量在主导呢?毅力能否在人们心中设计某种

第九章　毅力是成功的保证

神奇的、超乎寻常的心灵或者化学活动，让人获得一种超自然的力量呢？

在观察了亨利·福特等人以后，这些问题就浮现在了我的脑海里。亨利·福特在创业的时候可以说是两手空空，他除了坚韧的毅力之外一无所有。但是，他却缔造出了一个规模庞大的工业帝国。

托马斯·爱迪生接受正规的学校教育只有三个月的时间，但是他最后却成为一名世界顶尖的发明家，并且靠着坚忍不拔的毅力发明了留声机、电影机和电灯泡。其他有用的发明，多达五十多种。

分析爱迪生先生和福特先生是我的荣幸，也正是因此，我才有机会仔细地研究他们。所以我说，在他们身上并没有太多闪光的能力，如果除了毅力以外。他们缺少那些天才的特质，即便是他们创造出了一些惊人的成就。这不是我信口胡言，而是我经过一番千真万确地了解以后才得出的结论。

第十章
运用智囊团

第一节 驱动力——走向财富的第九步

力量是一个非常神奇的词汇，我们在不断地追寻力量，因为力量是成功不可缺少的因素，是获得财富不可缺少的因素。如果我们缺少力量作为后盾，那么不管多么宏大的计划都是毫无意义、毫无生气的。本章我们就来探讨如何获得这种力量，如何运用这种力量。

力量，并不仅仅指力气、权力，更多的时候力量可以被解释成一种可以组织起来被巧妙运用的知识，或者在有的时候，有组织的努力也可以被称之为力量。努力是一种非常强大的力量，当有足够的欲望推动时，取得想要的金钱或者其他东西就会变得轻而易举。有组织的努力并不是一个人就可以做到的，两个人或者更多人的共同努力才能被称之为有组织的努力，并且这些人要非常和谐地朝着一个目标去努力地工作，不惜牺牲部分自己的利益。

积累财富需要一定的力量，守住财富同样也需要力量。

如何获得这种力量，就是我们需要探究的内容。力量是有组织的知识，那么我们就必须要明白知识的来源。

（1）知识最主要的来源是经验的积累。人类的知识就是通过积累进行传承的，并且为了能够更好地传承这些知识，人类发明了公共图书馆。很多高等院校也会将大量的经验总结出来，传授给他们的学生。

（2）实验与研究。实验代表了我们成功路上的行动，而研究就是行动之前的思考与计划。在科学领域和其他各行各业中，人们每天都在收集、整理、分类新的事实。特别是你需要的知识并不能通过人类知识的积累而获得的时候，就需要使用实验和研究来进行收集了。同时，还需要有丰富的想象力和创造力。

获得知识的渠道主要有以上两种，将知识变成明确的计划需要经过大量的整理过程。如果你能够走完以上步骤，那么当你的计划开始实施的时候，你的知识就已经开始转化成力量了。

让我们来观察这两种获得知识的方法，我们可以很容易地发现，凭着自己的力量去收集知识，通过我们自己的思考去制订一个明确的计划，并且去实现这个计划的时候，个人将会面对多么巨大的困难。如果我们想要一个非常周密、全面、完善的计划，那么我们可能需要更多的人来帮助我们，让这个计划真正地拥有力量，真正地转化为力量。

第二节　智囊团带来的力量

智囊团是什么？简单来说，想要成为一个团，那么至少要有两个或者以上的人数，大家为了一个目标共同努力，团结一致，利用自己所拥有的，或许是知识，或许是勤奋的努力，来进行合作。任何一个想要成功的人，想要获得巨大力量的人，都需要一个智囊团。我们在之前说过，欲望可以转化为金钱，可以转化为力量，想要完成这一步，制订一个完整的计划是必需的。如果你能够坚持下来，并且灵活地运用上面介绍的这些原则，并且选择你认为最为合适的智囊团团员，那么其实你的成功之路就已经走了一半了。

适当地选择智囊团团员，会让你获得非常多的好处。智囊团的力量是一种看不见、摸不着的力量，但是其中却蕴含着巨大的潜力。我们在选择智囊团的时候，有两种人是我们的首选，第一种是能够在经济方面给予我们支持的，另一种是能够在精神方面给予我们支持的。经济支持所带来的好处是显而易见的，但是精神上的支持同样能为你带来巨大的改变。如果你的身边能够团结这一群人，他们团结一心，真心诚意地帮助你，为你提供意见，为你出谋划策，真正做到给你巨大的帮助，那么你想要获得财富是一件非常容易的事情。这种通力合作的模式往往是富豪们获得第一桶金的基础，如果你能够了解智囊团的重要性，那么你已经为你将来能够获得多少财富奠定了基础。

智囊团遵循着一定的原则运行，特别是在精神方面，一定要两个人的智慧加起来，才能产生第三种更为强大的力量。或许这种力量是第三种智慧，从中我们也可以获得一些启示，两个人都不能获得成功，那么两个人在一起所产生的第三种力量也许就是通往成功之门的钥匙。

第十章 运用智囊团

人类的大脑是一种能量形式，我之所以这样说，是因为大脑能够为我们带来巨大的精神力量。两个人的智慧能够因为一个相同的目标协调起来，共同努力，那么每一个人的大脑都会形成一股新的力量，一股全新的吸引力，这种力量就会成为智囊团所拥有的精神。

除了精神上的原则外，智囊团还要遵循一定的经济原则。安德鲁·卡内基在50年前所形成的智囊团让我注意到智囊团应该怎样运行，我所发现的这项原则也让我做出了一个决定，让我知道我应该为什么工作努力终生。卡内基先生的智囊团由50个人组成，制造和销售钢铁是他们团结一致所要完成的目标，卡内基也正是为了这个理由才将他们集合起来。如果你问卡内基是什么让他在钢铁行业获得了如此巨大的成功，他所告诉你的理由中一定会有这个智囊团的功劳。

任何一位富豪，在他们的发迹史中总是能够找到智囊团的记录，正是因为他们遵循了智囊团的原则，才能够获得如今的经济地位。除此之外，没有任何一种原则能够让你快速地积累如此强大的力量。

第三节 增强你的智慧

我们的大脑就相当于一个蓄电池，那么我们可以思考一下，是一组蓄电池提供的电量多还是一个蓄电池提供的电量多。答案自然是一组蓄电池。一个蓄电池所能提供的电量与蓄电池所包含的电池容量与电池数量成正比。人类的大脑也采用同样的方法运作，这就是为什么有些人要比身边的其他人聪明一些。同时这也说明，一组同心协力，朝着同一个目标共同奋斗的人的头脑，其中所拥有的思想要超过那些单一头脑所能提供的能量。这其中的道理非常简单，和一个蓄电池所提供的电量远远不如一组蓄电池所能提供的电量是一致的。

如果你理解了我的这个比喻，你就能明白智囊团到底是多么的重要。智囊团的原则就是让自己的头脑与其他人的头脑结合在一起，这样你就能够使用更多的智慧，也就拥有了更多的力量。如果你想要更加了解智囊团原则的精神层面，那么我可以这样说，一群人精诚合作，朝着一个共同的目标去努力的时候，这种智慧并非一个人享有的，而是属于这个智囊团中的每一个人。也就是说，智囊团的智慧并非只为其中的某一个人服务，每一个身处智囊团的人都会在智慧方面获得好处。

亨利·福特过去的经历是非常不顺遂的，他经历了贫困、失学、无知等常人难以克服的困境，但是他却在这种情况下毅然决然地投入了事业当中。在短短的10年中，福特就创造了常人难以企及，在旁人眼中非常不可思议的奇迹，他将自己面对的所有困难都克服了，花费了25年的时间成为一名美国巨富。

福特毫无疑问是拥有自己的智囊团的，如果你听到他智囊团中一些成员的名字，你肯定会如雷贯耳。例如，托马斯·爱迪生，毫无疑问，福特就是在与托马斯·爱迪生成为朋友以后事业才开始真正的腾飞的。除了爱迪生，福特的智囊团中还有哈维·费尔斯通、约翰·伯罗斯、卢瑟·伯班克等充满智慧的角色，正是他们将自己的智慧分享给了福特先生，产生了让福特获得成功的伟大力量。

如果我们能够与身边的朋友和谐交往，那么我们就能够从朋友身上学到一些东西，不管是性格、习惯还是能力，这些东西都能给我们带来一些帮助。福特就是通过与爱迪生、伯班克、伯罗斯和费尔斯通等人的交往，让自己的头脑当中拥有了以上几个人的部分智慧、经验、知识，甚至是精神力量。他所使用的方法就是本书中叙述的方法，即恰当地使用了智囊团原则。而你，同样也能够使用这项原则。

圣雄甘地也是获得了巨大力量的代表，如果我们去研究他获得力量的过程，那么我们很快就能够做出一个简单的结论。甘地团结了两亿人，这两亿人朝着一个目标而共同努力，因此他获得的力量强大到超过人们的想象。甘地创造了一个奇迹，这个奇迹就是一个人的思想引导了两亿人的行动，这不是一种强迫，而是完全使用精神力量的带领。如果你觉得这件事情没有什么大不了的，那么你可以尝试一下，不需要领导两亿人，你只要领导两个人团结一心、精诚合作就可以了。这件事情持续一段时间后，你就会发现这件事情并不简单。任何一个领导人员都明白，让员工们齐心合力、精诚合作是一件多么困难的事情。

第四节 积极情感中所蕴含的力量

金钱就像一个年轻的姑娘，她非常容易害羞，又难以捉摸。如果你想要追求到这位意中人，那么就必须要拥有一些特别的力量。只有拥有了信心、欲望和毅力，再加上你所拥

有的力量，才能成功。想要应用好这种力量，那么一个完善的计划和将计划付诸实践的行动是必不可少的。

大笔财富的到来就如同山洪暴发一样，源源不断地涌向那些会积累财富的人。巨大的洪流当中自然会包含着一股无形又强大的惊人力量，我们甚至可以把它比作洪水当中的另一条河流。但是，这条河流并不安全，它有两条分叉，一条将人们引向上游，那里有无数的财富，有令人羡慕的成功；而另外一条是向下走的，那里是只有贫穷的悲惨之地，是没有人愿意去的地方。如果你想要成功致富，能够遵循本书的哲学原则，那么以上的话就为你传递了一个理念，这个理念的重要性可能超过你的想象。

如果你不幸地被河流卷入了下游，即将抵达贫穷的地方，本书中的原则就会成为你的一支船桨，帮助你从这条向下的河流抵达那条向上的河流。只有更好地运用，这些原则才能成功地发挥它们的作用。如果你并没有花费时间去思考和制订计划，那么这将对你毫无用处。

贫富并不是一成不变的，甚至它们两个经常交换位置。想要从贫穷走向富裕，那么你就必须要制订周全的计划，就必须认真地去执行计划。而贫穷就不需要做任何计划了，也不需要他人的协助。贫穷本身就是大胆和鲁莽的，而我们之前说过，财富就如同令人难以捉摸的害羞小姑娘，她们可以被吸引，但是却不能莽撞地得到，那些鲁莽而大胆的行为很容易把她们吓跑。

第十一章
性欲——人类内心的隐藏能量

第一节 正确运用性的力量——走向财富的第十步

转换这个词是有着非凡意义的,简单来说,转换的意思就是将一种元素或者能量形势转化或者改变为另外一种元素或能量形势。性同样是一种充满激情的元素,其中蕴含着非常巨大的力量。如果我们能够正确地运用性的力量,将性欲转化为另外一种心理状态,那么我们就能从性欲当中获益良多。

人们经常将性这种心理状态与身体的状态关联起来,这是其中无知的看法。大多数人在接受教育的时候,就被告知性更多是一种胜利的状况,甚至有些人认为性完全与生理有关,而与心理关系不大。其实,性与心理的关系是非常密切的。

在性激情的背后隐藏着非常巨大的力量,这些力量充满了建设性,是与人类的发展息息相关的。

(1)人类的繁衍离不开性。

(2)性欲与健康息息相关,甚至有医学证明性有一定的治疗作用。

（3）性欲的力量是可以转换为其他的力量的，可以让人拥有更加卓越的才能。

性欲的转换并不困难，这主要是一种心态上的转换，其根本过程是通过生理上所表现出来的一些意念转换成为其他的意念。性欲的强大毋庸置疑，甚至可以说是人类最为强烈的一种欲望。当人们被这种欲望驱动的时候，本身的力量就会大大提升，不管是想象力还是勇气，还是意志力、毅力，甚至是在其他时候根本没有的一些创造力，都会随之出现。性接触的欲望非常强烈，而且有一种不讲道理的冲动，很多人沉溺其中无法自拔，甚至不惜为其丢失自己的生命和名誉。

如果我们能够控制并引导性欲，那么这股力量所爆发出来的想象力和勇气就能够得以保留，我们可以把它用到其他的方面。不管是文学还是艺术，甚至是其他的专业和工作，包括积累财富，都能够从性欲当中获得惊人的创造力。

在性欲转换的过程中，意志力是最为重要的力量。这个过程可能需要你付出很多，但是它能带来的回报同样是很可观的。性欲的表达并非是后天形成的，这是一种非常天然、与生俱来的力量。这种力量不可能被埋没，更不能够被抹杀，它应该通过丰富人类身心和精神的表现方式来发泄。如果不能通过转换来发泄，那么缺少引导的性欲将会完全通过肉体渠道来寻求发泄。

修筑一道堤坝，可以挡住汹涌的河水，但这并不是长久之计。如果河水不能定期获得宣泄，那么早晚有一天会决堤而出。性欲同样如此，疏导是最好的办法。一味地压抑性欲不是一个好的解决方法，人类的天性会驱使人们不断地去寻找宣泄的渠道，寻找一些新的表达方式。如果不能使用一种具有创造力的方式进行引导，那么它就会从没有价值的渠道发泄出来，这种强大的力量就被浪费了。

第二节　成就与性之间的关系

性欲的发泄并非只有肉体渠道，如果能够使用有创造性的方式来发泄自己的性欲，那么这个人无疑是幸运的。科学研究说明了一些事实，那就是获得成就这件事情是与性息息相关的：

（1）那些成就非凡的人往往拥有比其他人更高的性魅力，而且他们不会将自己的性激情完全通过肉体发泄，他们都找到了将性欲转化为力量的技巧。

（2）那些获得巨额财富的人，或者在文学、艺术、建筑以及各行各业中获得非凡成就的人，背后总会有一位异性充当驱动他们的力量。

这些结论并非是信口胡言，而是通过研究众多伟人的传记和历史记录发现的，其中很多有重大成就的人，他们都有着非常高的性魅力。性激情是一种与生俱来的力量，是一种不能被压抑的力量，即使将人们捆绑起来，这种强大的力量也不会消失。在性欲望的驱动之下，人们会有一种难以抑制的动力。如果能够明白这一点，那么就能够明白性欲的转换为什么包含着创造力的秘诀了。

不管是人还是动物，破坏了他们的性腺，他们的行动就

会缺少动力。证明这一点并不困难，人们早就使用阉割动物的方式来让动物变得更加温顺。被阉割的公牛温顺得就如同奶牛一样，马也是如此。所以，去除性腺会让动物丧失斗志，这一点是毋庸置疑的。

第三节 十种对心理的强烈刺激

人们会对能够刺激自己心理的东西做出回应，这种刺激会让大脑瞬间爆发出高度很强的震波，这就是我们所说的热忱、创造力。那么，究竟有哪些东西最能够刺激人的心理呢？

（1）性欲；

（2）爱；

（3）对名誉、权力、财富的渴望；

（4）音乐；

（5）友谊；

（6）为了在精神层面或者是物质层面取得成就，多人共同组成的智囊团；

（7）同病相怜或者同甘共苦的经历；

（8）自我暗示；

（9）恐惧；

（10）酒精和毒品。

毫无疑问，性欲排在这个榜单的最前面，它是最能够给人以心理刺激的东西，让人在得到它的时候马上行动起来。

以上刺激物中，有八种是自然产生并且有正面作用的，其中两种是具有破坏性的负面物品。这个榜单能够让你看到，究竟有什么能够对人造成心理刺激，从而能够进行一项对比研究。但是从这项研究当中，我们最先得出的一个结论就是，性激情是人们能够得到的心理刺激中最强大、最有力的一种。

曾经有人表示，天才就应该是留着长发，吃着古怪食物，深居简出，被人嘲笑的人。这种说法是无知并且自以为是的。真正对天才的形容应该是他们懂得如何提升自己思想的深度，进而与普通人拉开巨大的距离。他们从自己极高的精神当中所获得的知识也是普通人难以企及的。

仔细思考天才的定义，人们会产生很多疑问。首先，人怎么能够接触一般思想无法获得的知识呢？其次，是否有些知识是只有天才才能够触及的呢？如果有，那么人们是怎样确定这件事情的呢？

针对以上问题，我们不妨来做一些实验，我们会提供证据，你自己进行证实。证实完成的时候，相信你也就找到了关于这两个问题的答案。

第四节 天才的灵感

天才总是比普通人有着更多的灵感，很多时候这种灵感是通过第六感来体现的。第六感是否存在？或许是信则有，不信则无吧。我们利用科学的方式来分析，第六感可能就是创造型的想象力，许多人穷其一生也没有使用过这种创造性的灵感，即便有些人使用了，也只是一些非常偶然的情况。

只有极少数人能够有意识地、有目的地使用这种创造性的想象力，而毫无疑问，这部分人就是人们口中的天才。世界上总是有一些改变人们生活的伟大发明，这些发明的灵感从何而来呢？我认为最基本的、最新的原理都是根据这种创造性的想象力得到的。

你脑海中有一个构想，突然有灵感如同一道光芒照进你的脑海，你离成功就更近了一步。那么，这种灵感是从哪里来的呢？

（1）个人的潜意识。这种灵感就应该是我们所拥有的，因为我们早就通过其他感官收集到了所需要的内容，只是需要某种印象和意念的冲动才能将这种灵感从我们的大脑当中调出来。

（2）来自他人的思想。或许我们在不经意的时候从他人的思想当中汲取了部分他人的意念、构想或者观念。

（3）来自他人的潜意识。

除了以上内容外，几乎没有任何来源能够激发灵感。

我们之前说过10种刺激物，当这些东西中的一种或者几种刺激到你的大脑时，你的大脑肯定会比平时表现得更加活跃，你的思想水平与往日相比也能得到一定的提升。你的思想、创造力将会变得更加有深度，会超过你平时思想所能达到的地方。我们平时在处理事务或者工作的时候，是很难达到这种状态的。

通过心理刺激的方式，我们可以将思想提升到更高的水平，这种情况就如同一个人登上飞机。飞机飞上天空，这个人就看到了自己平时看不到的东西。除此之外，思想达到一定高度的人，平时为了衣食住行而奋斗的种种束缚就无法再限制这个人。一个人的思想层次越高，他就越是脱离了普遍且乏味的普通思想，就如同人们坐上飞机以后，那些矮小的丘陵、山谷和房屋都会被抛在视野之外。

思想一旦达到了一定的高度，大脑的创造力就会得到前所未有的发挥，第六感也会随之出现，个人就会在这种时候接收到那些在其他环境下无法获得的思想。我们甚至可以说，是否有第六感，是区别一个人是天才还是普通人的重要方法。

第五节 培养创造力的窍门

个人潜意识并不是创造力最好的来源，那些个人潜意识之外的动力更容易引发创造力，并且更容易让人接受。人们越是使用这种能力，就越会发现这种能力的好处，进而开始依赖它。而这种能力也是可以锻炼的，经常使用是培养和发展这一能力的最佳方法。

良心同样是第六感所发挥的作用。那些伟大的艺术家、作家、音乐家、诗人，他们的伟大就是因为他们能够利用创造性的想象力，这是他们的天赋。久而久之，自然就养成了依赖这种创造力的习惯。想象力越是敏锐，他们获得的灵感也就越多，而他们的事业同样就会越成功。

曾经有一位伟大的演说家，每次在引起全场轰动之前，他必须闭上自己的双眼，依靠自己的创造性想象力。有人问他为什么在演讲高潮来临的时候要闭上眼睛，他说："只有这

样,我才能真正说出我心里的想法。"美国一位非常成功的金融家,在做出决定的时候也会闭上眼睛思考两三分钟,他对此给出了这样的答案:"闭上眼睛,我就能更好地发挥智慧的力量。"其实,这些行为的根本就是在利用第六感,利用创造性的想象力来促成自己的事业。

已故的马里兰州艾尔默·盖茨博士有二百多项专利,这些专利所带来的价值不可估量,其中的大多数专利都是通过培养和应用创造能力诞生的。他本人毫无疑问是一个天才,这是那些想要夺取他位置的人很难达到的。他并不畏惧别人觊觎他的地位,生活低调至极。甚至可以说,盖茨博士是世界上极少数真正伟大却又缺少名气的科学家。

他的实验室中有一个称为沟通室的房间,这个房间完全隔音,并且隔绝了所有的光线。房间里放着一张桌子,桌子上有一叠纸。桌上的墙壁有一个控制光线的旋钮。如果盖茨想要寻找灵感,想要运用自己的创造性想象力,他就会关闭所有的灯光,将注意力全部集中在自己的工作上。他会静静地坐上很久,直到与发明有关的灵感进入他的脑海为止。

当然,灵感有时候来得多,有时候来得少,最夸张的一次是涌现的灵感让他在纸上足足写了三个小时。当灵感涌现停止的时候,他检查自己的笔记,发现上面记载着一些原则,这些原则是全新的,在科学界任何过去的资料中都不存在的。另外,这些问题的答案也已经全部在他的笔记本中了。盖茨博士凭借自己的灵感谋生,美国那些最大的公司都为他的那些构想按小时付费。

推理并不是一个万无一失的方法,因为推理离不开个人能力和经验的积累。个人通过经验得到的知识也不完全正确，而通过想象力获得的构想则没有这种问题，因为想象力的来源比推理的来源更加可靠。

第六节　像天才那样工作

天才并不是工作狂，并不是将所有时间都用在工作上的狂热分子。天才拥有更多的创造性想象力，他们工作的时候使用的是自己的天赋。而狂热分子永远都不会明白这一点。科学界的发明家会利用综合性想象力和创造性想象力，这是天才与实干家的结合。发明家所使用的综合能力，是以推理能力为根基的，其中包含了自己已经知道的知识和自己积累的经验，这些原则支持着他们完成发明。

一旦发明家发现自己所积累的知识不足以完成这项发明时，他们就会开始寻找灵感，让创造力成为知识的源泉。这种工作方式能否成功往往是因人而异的，但是一定的心理刺激是完成这项工作的必备条件。如果缺少心理刺激物，那么灵感就不会到来，自己也就难以发挥出超越平时的水平。另外，自己发明物的已知因素是需要集中精神去关注的，但是思考的中心却要放在那些自己未知的因素上。两者相结合以后，潜意识就会接管未知的部分，当心中的杂念被彻底清除以后，灵感就会闪现在大脑当中。

依靠灵感进行工作经常能够成功，但是所花费的时间却是一个未知数。灵感可能会马上就光顾你的大脑，也可能

在很长时间以后才会姗姗来迟。这是由第六感或者创造力决定的。

爱迪生在发明电灯泡时花费了大量的时间,他利用自己的综合想象力尝试了过万组合才制作成功。发明留声机时也是如此。而有些伟人是很少使用综合想象力的,他们使用更多的创造性想象力,这是一种真正天才的天赋。各行各业中都存在那种没有经过系统教育,却能够获得成功,成为行业内佼佼者的人,林肯总统就是其中突出的一位。

林肯所使用的就是他的创造性想象力,他擅长使用这种能力,完全是因为他遇到安妮·拉特里奇以后受到了爱的刺激,这也是和研究天才来源有关的重要事实。

第七节 性欲的驱动力

在人类历史漫长的记载当中,将女性作为驱动力的伟大领袖非常常见。这些领袖人物因为受到女性性欲的刺激,从而唤醒了心中强大的创造力。拿破仑就是其中的一位,当他与第一位妻子约瑟芬结合,受到爱的激励以后,变得所向披靡。而后来,他的理性和判断力要求他抛弃约瑟芬的时候,他的事业就开始走下坡路了。拿破仑仅仅是其中的一个例子,要想举例的话,轻轻松松就可以说出十几个在妻子激励之下走上人生巅峰的知名人士。性的影响力远远比理性所能创造出的任何替代物都要强大,认识到这一点的人很多,其中就有拿破仑。

第十一章　性欲——人类内心的隐藏能量

人的大脑会对刺激做出非常激烈的反应，而性刺激就是众多刺激中最为强烈的一种。如果能够妥善地控制，并且加以转换，那么这股动力就能把人提升到一个更高的精神领域，能够让人们控制过去在较低层次所产生的焦虑与烦恼的来源。

我们可以通过一些名人传记找到相关的真实记载，特别是一些被公众认为有着高度性魅力的人。在这里，我们可以列出一些天才的名字，我认为，这些天才就是找到了将性欲转换为其他力量的方法。这个名单上的名字有乔治·华盛顿、托马斯·杰斐逊、拿破仑·波拿巴、艾伯特·哈珀德、威廉·莎士比亚、艾伯特·加里、亚伯拉罕·林肯、伍德罗·威尔逊、拉尔夫·爱默生、约翰·佩特森、罗伯特·彭斯、安德鲁·杰克逊、恩里克·卡鲁索。如果你对这份名单感兴趣，并且想要知道这份名单上还可以加上哪个名字，那么你可以寻找一些传记资料，相信你马上就能够在这份名单上继续添加名字了。当然，你也可以反其道而行之，从过去的历史当中寻找一位伟大的但是不擅长使用自己的性魅力的领袖。如果觉得过去的历史没有什么意思，那么你也可以列出现代的杰出人士，看看他们当中是否有缺少性魅力的人，是否有不擅长使用自己性魅力的人。

性能量是一股非常强大的能量，是一种能被所有天才利用的创造性能量。在过去、现在或者将来，绝对不会出现任何一位伟大的领袖、建筑师、艺术家，或者是某个行业的天才人物是不具备性魅力的。

当然，天才是具有性魅力的，但是具有性魅力的人未必就是天才。只有那些擅长使用自己创造性想象力的人，那些

会使用创造力刺激自己的智慧，创造更多力量的人才能被称为天才。能够产生巨大的力量来刺激自己心理的，莫过于性能量。可惜的是，只拥有性能量还不足以让一个人成为天才，天才还需要将这种能量从肉体上的发泄转换为其他的欲望，寻找其他的发泄渠道。大部分人拥有强烈的性欲望，却无法成为天才，他们在滥用这股力量，他们误解了这股力量的使用方法，将这些力量的宣泄渠道选择在了肉体上。这就是他们被视为低等动物，并且总是一事无成的重要原因。

第八节　什么是最能刺激心灵的东西

不知不觉，我所分析的人数已经有两万五千人之多了，在这其中不乏成功人士。但是我发现，那些取得了斐然成绩的人，往往都是在40岁以后才功成名就的，其中一大部分人更是在50岁以后才取得他们如今的身份与地位。这件事情让人非常惊讶，所以我花费了一些时间仔细去研究其中存在的原因。

研究结果表明，人们在40岁之前，甚至50岁之前无法获得成功的主要原因是，他们大部分时间都沉湎于肉体享受上。他们利用肉体来发泄自己的情绪，导致耗费了大量的精力。大部分人无法明白性欲望有着多么巨大的潜力，而且其重要性远远超过肉体表现的重要性。当人们开始逐渐了解这件事情的时候，他们的年龄也就到了40~50岁。在之前的人生中，他们浪费了自己性能量最为高峰的时光，随后才

第十一章 性欲——人类内心的隐藏能量

取得了醒悟。当他们明白这一点以后,马上就开始取得一些成绩了。

很多人可能一生都不会了解这件事情,他们很多人超过了40岁,却仍然在不断浪费自己的精力,这些精力原本可以通过一些渠道转化为更加有用的东西。他们浪费了精力充沛、头脑敏锐的时光了。年轻放荡这句话就是根据男性利用肉体发泄性能量的习惯而产生的。

性欲望,就是人类情感当中最为强大、最为强烈的驱动力。也正是如此,人们如果能够将这股力量转化为肉体发泄之外的行为,那么将会获得巨大的提升,继而取得成就。

在历史上有着大量的例子,人们使用酒精和药物来麻醉和刺激自己,以便让自己创作出一些天才的作品。爱伦·坡在酒精的作用下写出了《乌鸦》,"梦到了犯人从来不敢做的梦"。詹姆斯·赖特最好的作品也是在他喝醉以后写出来的。或许只有在这种时候,他才能够看到"现实与梦境的理想结合,河上的磨坊,溪上的薄雾"。

但是,我们不能只看到成功,更多的人到了后来逐渐用刺激他们的东西毁掉了他们自己。大自然已经为人类提供了琼浆玉液,让人们尽情地发挥自己的才智,将凡人的智慧转变为超凡脱俗、积极向上的思想,但是却没有人知道,这些思想究竟从何而来。到现在,仍然没有什么能够取代大自然的赏赐。人使用情感统治这个世界,决定着文明的走向。人的行为受到理智的影响,但是更受到情感的影响。创造力完全依靠情感来赋予行动,这是冷酷的理智不能做到的。

在人类所拥有的众多情感中,最有力量的情感就是性激

情。人们能够找到许多心理刺激物,但是任何一种都无法与性的驱动力相提并论。想要暂时提升思想的强度,或者是永远提升思想的影响力,这些都是心理刺激物能够做到的。我们在前面讲述了十种主要的心理刺激物,这些都是人们经常使用的。通过这些心理刺激物,人们就能够轻易地进入自己潜意识的宝库,创造出一个天才。

第九节 利用自己的个人魅力

有一个老师,他培训指导过的销售人员多达三万名。在他漫长的培训生涯中,有一个惊人的发现,那就是越性感的人,越能够成为有效率的推销员。人们经常将个人魅力挂在嘴边,那么什么才是真正的个人魅力呢?在我看来,个人魅力就是性的力量。那些高度性感的人无时无刻不散发着自己无穷的魅力,如果能够妥善地培养和了解这股力量,推动人际关系就变得非常容易。这股能量是可以通过种种方法传递给别人的,以下就是几种传递个人魅力的方法:

(1)握手。手的接触能够马上展现一个人是否有吸引力。

(2)声音和语调。魅力或者性的力量能够通过声音传递出来,甚至能够直接让一个人的声音变得悦耳。

(3)姿势和举止。那些具有个人魅力,高度性感的人,他们的举止往往是轻快而优雅的。

(4)思想。将情感与思想进行融合,或者按照自己的想法进行挥洒,并且产生巨大的影响,改变身边的每一个人,这就是高度性感的人的做法。

（5）穿着。高度性感的人是非常注重自己的外表的，他们会选择属于自己的着装风格，这种风格一定要符合自己的个性、身材以及肤色。

雇佣推销员的时候，一个精明的销售经理肯定会选择那些最有个人魅力的推销员。缺乏个人魅力的人很难具备做事情的热忱，也无法利用自己的热忱感染其他人。不管一个人在推销什么，热忱都是推销过程中必不可少的因素。如果一个推销员、一个演讲家、一个辩论家，甚至是一个律师，缺少个人魅力，那么他可能就不具备太多影响别人的能力，这是职业能力中不可弥补的缺陷。将这一点和另一个事实联系起来，你就会懂得性魅力作为一个推销员个人必需的能力是非常重要的。

这个事实就是，绝大多数的人只有情感被触动的时候才会改变他们的想法。真正的推销大师之所以能够不断地将东西推销出去，是因为他们将自己的性魅力转化成了销售方面的热情。这就是我们所说的性欲转换的真正意义，也是我们讲了那么多理论知识以后，一个可以映射到现实中的反馈。

推销员如果能够将自己的心思从性方面进行转移，将性欲转变为热忱和决心，以这两种能力作为驱动进行工作的话，那么他就已经做到性欲转换了。大部分成功地将性欲转化为其他能量的推销员们并不知道他们自己这样做了，也不知道自己究竟是如何做到这一切的。

转换性能量最需要的就是意志力，需要的意志力数量超过了一般人愿意为了达成这个目的而付出努力的想法。如果

你觉得自己没有足够的意志力来完成性欲的转换，那么可以逐渐地、逐步地去做这件事情。虽然这件事情需要非常多的意志力，但是最终能够得到的回报一定会超过你的努力。

第十节　那些错误的性想法

　　这里我要毫不留情地批评一下，在性这个领域，大部分人都表现出了不可原谅的无知。性冲动被无知的人和心术不正的人误解、诽谤和讽刺。普通人认为，那些拥有突出性魅力的人，是非常引人注目的人，但是人们对他们更多的是非议，而不是赞赏。即便是在这个人们已经开化了的年代，仍然有大量的人错误地将性能量看作一种不幸，甚至因此而感到自卑。那些称赞性能量的说法也被称为是在为放荡而辩护。只有在那些明智的、有分辨能力的人心里，性激情才能被当作一种美德。它经常被人们用错地方，最终产生的结果是就是性能量无法丰富你的身心，反而被贬低。

　　我发现，几乎每一位获得了卓越成就的伟大领袖背后都有一位女性在不断地激励他。在很多情况下，这位女性都在扮演着谦虚、自我牺牲的角色，大众对她们的了解很少，有些时候甚至完全不了解。每个明白道理的人都知道，酒精和药物能够刺激你的心灵，但是过度地依赖这些东西，是一种自我毁灭。然而，有很多人并不知道，过度沉溺于性欲也可能成为一种习惯，对于创造力来说，它所具有的破坏性不亚于酒精和药物。

第十一章 性欲——人类内心的隐藏能量

一直对性过度沉迷的人，其实与一个沉迷毒品的人并没有什么区别，两者都会让人无法控制自己的理性和意志力。很多产生妄想症的人都是因为不了解性在现实世界中的功能，从而养成了很多不良的习惯，最终患上了精神疾病。我们能够发现，性转换的无知会让人受到严厉的惩罚，而另一方面，他们可能永远都无法了解这一方面带来的来意。

人们对于性的无知，让人们在面对这个问题时始终处于一种回避的状态，也让性这件事情始终处在一种神秘之中。神秘和回避对于年轻人来说是非常可怕的，就如同禁令对于年轻人的效果一样。越是禁忌的和神秘的话题，越会吸引年轻人去深入了解。所有的立法者和心理学家一样训练有素，他们是最有资格去教育年轻人的人。但是，最令人惭愧的是这方面的知识并没有被系统化地整理出来，更别说轻易地获得了。

第十一节 开启情感的动力

人们在40岁之前所做的工作往往并不具备高度的创造性，大多数人都是在40~60岁时才能够达到最强的创造性阶段。这个说法并非空口无凭，而是通过仔细观察上千位男女之后才得出的结论。

对于那些无法在40岁之前取得成功的人，还有以40岁作为成功分界点的人，以及那些越接近老年，就越感觉害怕的人，这个说法具有非常大的鼓励作用。一般来说，40~60

岁正是人能够做出一番事业，获得成果的时候。当你接近这个年纪的时候，不应该满怀恐惧和忧虑，而应该心怀希望，并且热切地等待。

假如你需要证据来证明大部分人都是在40岁的时候才取得自己人生的最佳成绩，那就研究一下美国人所熟悉的成功人士记录。亨利·福特就是在40岁以后才成功的；安德鲁·卡内基开始享受他人生成果的时候也已经40多岁了；詹姆斯·希尔40岁的时候还在敲电报，也正是在他40岁的时候，事业才开始逐渐有起色。

在众多美国企业家的传记当中，这样的例子数不胜数，完全能够证明40~60岁这个阶段才是创造人生业绩的最佳时期。

人们在30~40岁才开始意识到，将性欲进行转换对自己的人生有巨大的帮助。这种发现往往是一种偶然，而且到最后他们也不明白究竟在自己身上发生了什么。35~40岁的时候，人们开始注意到自己的能力在逐渐增强，不过大部分情况下，人们仍然找不到自己发生这种改变的原因。30~40岁的时候，人们爱的情感和性的激情开始逐渐走向和谐，因为他们开始结合这种非常强大的力量，并且利用这种力量来激励自己。

性欲本身就是一种最为强大的激励，这种力量虽然强大，却很难控制，就如同是一场飓风一样。一旦人们开始将爱与性的激情结合起来，最终就会产生一种目标专一、心态稳定、判断准确、身心平衡的力量。一个人到了40岁以后，如果还是无法体会这些东西，并且按照自己的经验来进行验证，那

第十一章 性欲——人类内心的隐藏能量

么这个人的人生是悲哀的。

如果仅仅是因为激情和取悦女人的欲望，男人也可能会产生获得伟大成就的力量，但是这个行为和过程可能会非常的紊乱、扭曲，并且伴随着强大的破坏性。如果纯粹以性作为动机，那么当一个男人要取悦女性的时候，可能会去偷窃、欺骗、杀人。但是当性激情中开始有爱的时候，同样的一个人会变得更加心态平和，会变得更加理智，会用自己的头脑去引导自己的行为。

爱、浪漫和性都能够成为驱动男人的力量，都能够让一个男人的成就达到巅峰。爱的作用就像是一个安全阀门，能够保证人的身心平衡、平静，并且做出一些具有建设性的工作。如果这三种力量结合到一起，那么这种结合起来的情感所产生的力量足够让一个人提升到天才的程度。

情感也是一种心态，是大自然赋予人类的心理催化剂，它的原理就如同物质上的化学变化一样。通过化学变化，化学家们可以将几种化学材料混合起来，结果可能会产生一种致命的毒药；但是如果使用的成分恰当，这些材料本身是不会有害的。

情感也可以像化学物质那样去融合，去做成知名的毒素。当性激情和嫉妒结合起来时，可能会将一个人变成丧失理智的野兽。当人们的心中出现一种或者几种充满破坏性的情感时，心理的"化学变化"就会产生大量的"毒素"，完全破坏掉一个人的正义感。

通往天才的道路包含了发展、运用、控制性、爱和浪漫等情感。这个过程包括鼓励这些情感的出现，并且让这些好

的情感主宰人的内心，抑制那些糟糕的情感产生。心理是习惯的产物，它能够成长成什么模样，完全是浇灌它的情感所决定的。通过意志的作用，人们可以选择性地让一些情感产生，同时阻止一些情感产生。

如果你有足够的意志力，那么控制心理其实并不是一件困难的事情。毅力和习惯是控制心理的工具，而控制的秘诀则在于要了解转换的整个过程。任何一种消极情感的出现都可以通过控制这个过程将其改变为一些好的思想，一种积极的，或者是充满建设性的情感。

如果你想要成为一个天才，那么你除了不断地努力之外，没有别的捷径可走。一个人在性的驱动之下，可能会达到经济和事业的巅峰。但是，无数的历史证据也告诉我们，这些人可能在性格方面有某种特殊的东西，让他们无法守住自己的财富，无法享受自己的财富。这一点对我们非常有帮助，我们应该去分析、考虑和沉思这件事情，因为它反映了一个事实，那就是性驱动的力量对于女性来说同样有用。正是因为不了解这件事情，导致虽然无数的人获得了财富，却没有享受财富、享受幸福的命运。

第十二节　爱的力量

爱的力量是强大的，爱的记忆是永远都不会褪去的，即便是那些爱的刺激消失了以后，关于爱的记忆仍然会留在人们的心中，指引着人们，并且对人们产生长远的影响。每一

第十一章　性欲——人类内心的隐藏能量

个被真爱打动过的人都知道，真爱在人们心中所留下的痕迹是永久的，是会永存的，因为爱的本质是精神上的。如果一个人在一生当中没有得到过爱的刺激，那么他是很难登上成就的高峰的。没有希望的人生，这样的人和行尸走肉又有什么区别？

经常回忆过去，让自己的心沉浸在过去关于爱的美好回忆中，就会减轻你如今所面对的忧虑和痛苦，让你暂时能够逃过不愉快的现实生活。当你沉浸在幻想世界中时，你的心灵能够为你带来改变人生经济地位或者精神地位的想法和计划。

如果你觉得自己爱过，但是却又失去了爱，这不是一种不幸。真正获得过真爱的人，不可能完全失去爱。爱是没有规律的，爱是反复无常的，爱是说变就变的。如果你拥有爱，那么你就应该好好地把握，尽情地去享受爱，不要担心它会离去，也不要担心自己留不住这份爱。

真爱并不是只有一次，即便你失去了爱，它也会再次到来，而且不止于此。但是，从来没有任何两份爱，会对一个人造成完全相同的影响。任何一次爱的经历，都会在心中留下深刻的记忆。

爱是一种财富，除非一个人在失去爱的时候变得愤世嫉俗。如果一个人明白，爱是什么，性是什么，那么就不应该对爱失望。这两者存在着巨大的差别，爱是精神上的，性是生理上的，除非是因为无知和嫉妒，否则一个人是不会认为精神上的触动对人是有害的。

爱是人生当中最为重要的体验，当爱与性、与浪漫相结合的时候，就能够带领人达到全新的高度，发挥出惊人的创造力。如果构造天才的能力是一个三角形，那么它一定是以爱、浪漫和性作为它的三条边的。

爱是情感，爱有很多个层面和色彩。但是，在所有的爱当中，与性相结合的爱才是最为热烈的，给人最强体验的。

婚姻当中如果不能感受到爱与性结合带来的和谐感，那么就不可能体会到幸福，而且很难维持下去。如果只有爱，或者只有性，那么婚姻也不可能幸福。只有性与爱结合起来的婚姻，才是所有人都在追求的理想境界。

第十三节　成也妻子，败也妻子

如果人们能够正确理解这个问题的答案，那么很多婚姻都能够从混乱走向和谐。那些喋喋不休地抱怨和生活中的不和谐，往往是因为对于性缺乏足够的了解。如果人们能够正确地理解爱、浪漫和性激情，那么夫妻之间的相处就会变得非常和睦。

如果妻子能够明白爱，明白性激情、爱和浪漫之间的真正关系，那么她的丈夫无疑是非常幸运的。当人们受到这三种神圣力量组合所带来的激励时，没有任何一种劳动会变成负担，因为在这个时候，即便是最为低等的劳动方式，也是因为爱而产生的。

有一句古老的谚语："妻子可以成就一个男人，也可以毁灭一个男人。"这句话很有道理，但是却没有阐明原因。究竟一个妻子是成就了她的丈夫还是毁灭了她的丈夫，完全取决于她是否了解性、爱和浪漫这三种情感。

如果一个女人让她的丈夫失去了兴趣，而对另外一个女人产生了兴趣，那么很有可能是因为这个女人并不了解爱、性和浪漫之间的关系，并且非常冷漠地看待这三种情感。这种说法的前提是，这对夫妻是因为真爱而结合的。当然，这个道理也适用于那些让自己妻子失去兴趣的男人。

已婚的人往往因为各种琐事而争执不休，如果仔细地分析这些事情，你会发现问题的根本原因是不了解爱、性和浪漫之间的关系。

第十四节　没有女性的财富毫无价值

一个男人最强大的动力是什么？当然是取悦女人的欲望。在文明的曙光出现之前，远古时代的猎人们表现得越是杰出，就越是能够获得女人的青睐。到了现代，取悦女人几乎已经成为了男人的一种本性，从古至今都没有改变过。如今的"猎人"也是如此，不过他们带回家的不是毛皮和食物，而是汽车、财富和漂亮的衣服，同样是用来博取女人欢心的。

现代男人取悦女人的欲望和过去没有任何区别，所改变的只有取悦女人的方式。很多男人积累大量的财富，获得权势和名声，都是为了满足取悦女性的欲望。如果他们失去了生命当中的女人，那么可能再多的财富对大多数男人来说也是没有任何意义的。给予女人成就或者毁灭男人能力的，正是男人想要取悦女人的欲望。

一旦了解了男人的本性，并且能够巧妙地迎合这种需要的女人，就不用再担心来自其他女人的竞争了。男人在与男人交流的时候，可能是一个拥有强大力量和内心的巨人，但是他所选择的女人仍然能够轻而易举地控制他，影响他。

男人们不喜欢承认他们会被自己喜欢的女人影响，因为雄性动物天生就认为自己是物种中的强者。此外，聪明的女人也会同意这种男子汉气概，她们不会否定男人这样说。有些男人是非常清楚自己会受到妻子、母亲甚至姐妹的影响的，但是这种影响并不让他们觉得反感。他们很聪明，如果没有一个合适的女人来影响自己，那么他们的生活就不会快乐，他们的人生也不会完整。认识不到这件事情的男人，就丢失了一种力量，丢失了一种能够获得巨大成就的力量。

第十二章
神奇的潜意识

第一节 连接环节——走向财富的第十一步

潜意识并不是指一种单纯的意识，其是由一整个意识领域构成的。通过五种感官获得的意识内容，都会在这个区域中被分类、记录，在某种特定的情况下被唤醒，产生出某种思想，就如同从一个档案袋中提取了一封信函一样。

任何一种感觉和思想，无论是什么性质的，潜意识都会接受，并且对其进行分类。任何你渴望转化为实质或者金钱对等物的计划、目的或者意念，都会自动进入你的潜意识中。潜意识会马上回应与情感相结合的欲望。

第二章中的六个步骤和第七章中的构建与执行计划都要求同潜意识结合起来，只有这样，你才会明白其中所要传达的思想有多么重要。潜意识的工作是不分昼夜的，这种形式目前人类还不了解，它通过一些实际存在的媒介，逐渐将人的欲望转化成为实质性的对等物。

你不能完全控制你的潜意识，但是你可以根据自己的意

愿，将你所希望转化为具体形式的计划、欲望或者意向传达给你的潜意识。在第四章中，我们讲述了一些应用潜意识的方法。

第二节　让你的意识更有创造力

潜意识中所包含的创造性是非常惊人的，能够给人非常大的激励。每次说到潜意识时，我总是会感觉到渺小与自卑，因为我对人类的了解实在是太少了。如果能够接受潜意识的存在，那么了解潜意识后就能够将欲望转化成为实质上的东西，或者是其他金钱对等物。潜意识是一种媒介，对我们获得自己想要的东西有着巨大的帮助。如果你明白了潜意识的重要性，那么对于"欲望"一章（第二章）中讲述的内容你就能全部领会了。你也要不断地提醒自己，必须要清楚自己的欲望，必须要将这些欲望变成文字，你就会明白毅力对于将你的欲望转化成为实际上的东西有着多么巨大的意义。

我们在"欲望"一章（第二章）中所提到的13项原则，其实就是一些能够激励自己的内容，如果你能够运用好这些原则，那么你就能够获得接触自己潜意识的能力。你第一次尝试这种方法时，即使失败了也不要气馁。"信心"一章（第三章）中已经讲述了你应该如何做才能够通过习惯来受到自己欲望的指引。或许到现在你还没有真正地建立自信心，但是只要你拥有了耐心和毅力，那么培养出自信并不是一件困难的事情。

第十二章 神奇的潜意识

为了培养自己的潜意识，在这里将重复关于"自我暗示"（第四章）和"信心"（第三章）两章中的一些说法。切记，不管你是否努力地影响潜意识，它都会自动地起作用。这一点也是在暗示你，恐惧和贫穷，以及其他的消极思想，同样能够刺激到你的潜意识。只要你能够做到真正地掌控这些冲动，那么你的潜意识才能够获得一些更加合适的营养。

潜意识永远不会停止下来，如果你疏忽了，没有在自己的潜意识中放入欲望，那么你的潜意识就会自动地接受一些东西。不管是积极的还是消极的意念冲动，都会通过第十一章中所讲述的三种途径传达给自己的潜意识。

你每天的生活都会让你产生大量的意识冲动，这些冲动会不断地传递给潜意识。你只要能够记得这一点，那就足够了。这些意识冲动中有的消极，有的积极，只要你能够努力地抑制自己消极的冲动，让一些积极的欲望对你的潜意识产生影响。当你能够做到这一点时，你就已经拿到了开启潜意识之门的钥匙。

如果我们没有意念产生，那么我们就不会拥有任何创造力。在想象力的帮助下，意念的冲动能够变成计划。通过妥当地控制，想象力能够用来创造计划和目标，引导一个人在自己选择的事业上获得成功。任何想要转化为实质对等物，并且能够自动进入潜意识的意念冲动，都必须结合想象力和信心。如果你能够将信心与计划和目标相结合，并且传递给你的潜意识，那么你就必须要拥有一定的想象力。

相信通过我的描述，那么你应该已经注意到了，如果你想要利用自己的潜意识，就需要协调运用之前说过的所有原则。

第三节 使用积极的情感

意念的冲动能够影响人们的潜意识，而那些与情绪、情感相结合的意识冲动，明显对潜意识的影响更大。事实上，只有那些被赋予了情感的意念，才能够对潜意识产生影响力，让潜意识行动起来。这个理论的例子到处都有，情绪和情感是可以控制大多数人的，这是一个不争的事实。如果潜意识能够对融合了情感的意念冲动有更快的回应，也比较容易受到影响的话，那么就必须要去了解都有哪些重要的情感。

积极的情感主要有七种，而消极的情感同样也有七种。消极的情感会自动进入人们的意念冲动里，这种方法正是进入潜意识的通道。要想使积极的情感进入潜意识当中，就需要一定的自我暗示，只有利用了自我暗示原则，才能够将希望传递给潜意识，注入潜意识。这些情绪或情感冲动就如同面包中的发酵粉，它们构成了潜意识的行动要素，可以将意念冲动从被动状态转化为主动状态。所以，我们可以从中得到一个结论，那些与情感相结合的意念冲动要比"冷静理智"所带来的意念冲动更加能够发挥出作用来。

如果你准备影响和控制自己的潜意识，以便能够将自己对金钱的渴望传递进去，那么你就必须要了解你的潜意识是如何倾听你的。你必须要了解，什么样的语言潜意识才能听懂，否则即便你说了千言万语，潜意识也不会明白。潜意识最能了解的语言就是情绪和情感语言，所以我们会在下面列出七种积极情感和七种消极情感，以便你在对潜意识说话的时候，能够避免消极情感，利用积极情感。

第四节 七种积极情感

人所能拥有的积极情感远不止七种，但是没有任何一种情感的力量能够超过欲望、热忱、信心、浪漫、爱、希望和性。这七种情感是最伟大的，也是最能够被应用在创造性工作中的。如果掌控了这七种情感，那么其他的积极情感也会在你需要的时候响应你的召唤。因此，要记住，你正在阅读的这本书会让你的心中充满积极情感，并且让你产生金钱意识。

七种消极情感主要是恐惧、贪婪、嫉妒、迷信、怨恨、愤怒和抱负，积极情感和消极情感很难同时存在于一个人的心中，每个人心中总会有一种情感占据主导地位。你有责任让你的积极情感成为你内心的主宰力量。习惯法则能够帮助你完成这个任务，如果你养成了利用积极情感的习惯，那么这些积极情感将会常驻你的内心，并且将消极情感排除在外。

无意识的遵守原则是没有用的，只有刻意的、故意的遵循这些指示，才能够真正地掌控潜意识的力量。只要意识之中出现了任何一种消极情感，就能够摧毁你心中所有积极情感建立起来的一切，特别是那些潜意识中存在的建设性的机会。

每个人都有潜力去追求财富，大多数人都渴望能够获得财富，但是只有明确的计划加上对于财富的强烈欲望才能够真正地积累财富。

第十三章
大脑的力量

第一节 致富的第十二步——接收和播放思想的基站

在四十多年以前,我与艾尔默.R.盖茨博士、已故的亚历山大·格雷厄姆·贝尔博士共同发现,每个人的大脑都能够发出思想的震波,也能够接收到思想的震波。这与无线电广播基站的原理高度一致,每个人的大脑都能够接收到他人大脑所释放出来的思想震波。

根据这个原理,将想象力一章(第六章)中提到的创造性想象力进行比较和思考,创造性想象力就是大脑的"接收装置",它能够接收其他人大脑中释放出来的思想。这就是意识或者理性思维与接收、思想、刺激这四个来源之间的沟通工具。

如果受到的刺激或者震波加快到一个较高的频率,那么人的内心就更加容易接收到外来渠道所传递出来的思想。这个过程是通过那些积极情感和消极情感来完成的。也就是说,情感能够左右思想震波的传递速度。

性这种情感比其他情感更能产生驱动力,并且驱动力的强度更是名列前茅,人们的大脑在情绪稳定或者没有情绪的时候,比受到刺激的时候工作效率更低。性欲通过转化,能够让思想获得极大的提升,它能够让创造性想象力非常容易地接收到其他的意念。另外,大脑快速工作时能够吸引到其他人的大脑所释放出来的思想和意念,并且在自己的思想中产生一种感觉,这种感觉就是意念被潜意识吸收并产生作用的引子。

潜意识是大脑的发射站,思想震波就是通过潜意识发送出去的。创造性想象力就是接收思想能量的接收器。潜意识是非常重要的,创造性想象力的功能同样不可或缺。除此之外,自我暗示同样是加强广播站,是能够让广播站发挥更多功能的重要工具。

操作大脑这个广播站并不困难,只需要在使用广播站的时候运用好之前我们说过的三个原则,潜意识、创造性想象力和自我暗示即可。这三种原则想要付诸行动需要什么刺激物,我们已经详细地描述过了,那就是欲望。

第二节 大脑的神奇

思想是一种无形的力量,但是这种力量却不是每一个人都能够了解的,这与人们所受的教育程度以及具有的文化水平无关。对于大脑究竟是什么,种种情感和潜意识可以将欲望转化为物质对等物这件事情,也只有少数人一知半解。不

过,现在人类已经进入了一个全新的时代,在这个时代中涌现了大量的启蒙思想,科学家开始不断地将注意力转向大脑上。虽然种种研究仍然处在初级阶段,但是科学家已经发现了足够的证据证明在人们的大脑中,中央配电盘里,连接脑细胞线路的数量等于1,后面再加上1500万个0。

这个数字有没有吓到你?芝加哥大学的C.贾德森·赫里克博士说:"比较起来的话,处理数亿光年的天文数字就显得有些微不足道了。根据不完全估计,人类大脑皮层中的神经细胞数量多达100亿至140亿个,而且这些细胞并非是随意排列的,而是以一种我们尚未找到的规律排列的。最近开发出了一种电生理学方法,这种方法能从精确定位的细胞中,或者是具有微电极的纤维中将行动电流用微电流引导,再用无线电管增强它,结果记录的潜在差异差不多有百万分之一伏特。"

这样一个错综复杂的网络存在的目的是什么呢?无非就是为了延续身体的成长,维持身体的机能。可见,人类的大脑是多么的神奇,多么的令人难以置信。这样的系统能够为数十亿个脑细胞提供彼此沟通的通道,那么有没有可能,它也可以为我们提供和其他微妙力量进行沟通的方法呢?

《纽约时报》的一篇社论显示,在精神现象的领域,至少有一所伟大的大学和一位聪明的研究员正在进行一项有组织的研究,最终得出的结论和本章以及下一章的内容大体类似。下面简要地分析莱恩博士和他在杜克大学的同事们所做的工作。

第十三章 大脑的力量

第三节 心灵感应

莱恩博士和他在杜克大学的同事们的研究取得了非常卓越的成绩,他们进行了至少10万次的实验,证明了"心灵感应"和"超感视觉"是真实存在的。这些成果在《哈泼杂志》的两篇文章里做了一些概述。随后他们又发表了一篇文章,作者E.H.赖特试图将有关于这些"超感觉"的所有发现,或者是一些可以解释的内容做一个总结。

莱恩博士的研究成果让一些科学家认为,心灵感应和超感觉是真实存在的。在实验当中,有很多位实验者是具有超感觉的,他们可以在实验当中在被要求看不到且无法感觉到指派的情况下,将一副特定的纸牌尽可能地说出来。结果令人惊讶,实验者中,有20人能够在没有看到指派的情况下准确地进行识别,在数目正确的情况下,很多人得出了结论,他们是不可能依靠运气和巧合表现出现在的一切的。

那么,他们是如何做到这件事情的呢?如果真的存在一种力量,却又是人们所感觉不到的,那么就是我们现有的感觉器官无法产生这种感觉。这个实验不仅在他们的实验室里取得了成绩,在几百千米外的同一个房间中做这项实验时也取得了一样的成绩。赖特先生认为,这些事实向我们展示了,有人试图用物理放射理论来解释心灵感应和超感觉。任何我们所知道的形式的放射能量都会随着距离而不断减弱,但是心灵感应和超感觉却不是如此。它们可能会根据实际目标而改变吗?就如同其他人所知道的心灵力量一样。和大众的看法不同，那些拥有超感觉的人即便是在睡着的时候，或者是在半睡半醒之间，这种现象也不会增强。但如果他们是清醒的，心灵的力量就会变得越来越强。莱恩发现，麻醉剂会降低那些超感觉的人的能力，而适当的刺激则能让他们变得更强。即使是那些最为可靠的实验对象，也是要遵守这一点的，否则他们也不能获得好的表现。

赖特非常肯定地得出了一个结论，那就是心灵感情和超感觉是真实存在的，是上天给予的一种能力。也就是说，能够看到盖着的纸牌究竟是哪一张，和那些能够读到别人在想什么的人，是同一种力量。有几个理由可以解释这一点，在具有上述任何一种能力的人身上都发现了这两种天赋。并且，到现在为止，在每个人身上，这两种力量几乎是同样活跃的。任何一种屏障和距离都无法对这两种力量起作用。根据赖特所得出的结论，那些纯粹为预感和其他超感觉体验、预知梦、预感灾难或者其他类似情形的人，拥有的也都是同一种能力。我们并不强求读者接受这种理论，除非他们认为这是可以接受的。但是，莱恩他们所做的实验给人们留下了非常深刻的印象。

第四节　让团队变得更有力量

莱恩博士认为，在一些特定的情况下，大脑会对超感觉模式做出一定的反应。有他的言论做基础，我们可以说明一项事实用来作为补充的证据。我和我的同事们在实验中发现，

第十三章 大脑的力量

在理想的情况下，大脑可以得到一些刺激，进而使"第六感"（第十四章）能够以一种非常实际的形式来发挥作用。

我和我的两位同事一起合作，经过一些实验和联系，我们找到了激发人们智慧的方式。因此，我们三个人的智慧能够合而为一，面对客户提出的各种问题，我们都能够找到解决的办法。

这个过程并不困难，我们坐在会议桌前，弄清楚我们将会面对哪些问题，然后进行讨论，每个人都将自己的想法说出来。我之所以认为这个激发智慧的方法比较奇特，主要是因为它能够让每个参与者都能获得自己过去未曾有过的知识和自己不曾经历过的体验。

在智囊团一章（第十章）中，我们讲述了一些原则，如果你明白了这些原则，就能够看出圆桌会议程序其实就是智囊团根本的运作方式。三个人之间和谐地讨论某个既定的问题，这种激发智慧的方法是最为简单的、最为实际的智囊团应用实例。通过采用和遵循类似的计划，任何一个尝试过这个原理的人都能够拥有我们之前简单阐述过的卡内基秘诀。如果对于这一点，你到现在还没有找到感觉，那么你可以将这一页标注出来，等到你看完最后一章以后再重新读一遍。成功的阶梯顶端永远不会拥挤。

第十四章
神秘的第六感

第一节 通往智慧殿堂的大门——走向财富的第十三步

致富的第十三项原则就是第六感，这项原则就是本哲学的顶点。当你掌握了其他十二项原则时，才能明白第十三项原则的含义，才能完全理解、吸收和运用这一项内容。第六感是什么？第六感就是潜意识当中被称为创造性想象力的那一部分。它曾经也是我们所提到过的接收装置，所有构想、计划和意念都是通过这个接收装置进入人们的脑海的。这种灵光一闪的情况，经常被人们称为灵感，或者预感。

第六感是一种无法具体形容的东西，也无法向还没有掌握其哲学原则的人进行描述，因为这种人没有生活经验可以去对照究竟什么才是第六感。第六感，需要通过你的内心不断地发展，需要你不断地冥想，不断地沉思才能够明白，才能够有所领悟。如果你能掌握本书中的众多原则，那么你就应该能够接受以下我们要说的一些听起来非常不可思议的事情。凭借着第六感的帮助，人们可以提前预感到即将发生的危险，也可以预感到会降临到你头上的机会。

如果你对第六感不断地了解，你本人的第六感在不断地发展，那么一定会有一位"守护天使"出来帮助你，服从你的意志，帮你打开智慧殿堂的大门。

第二节　第六感创造的奇迹

我本人并不是很相信奇迹，也从来不会对人鼓吹奇迹的重要性，因为我对自然界是有一定的了解的，自然界从来都不会偏离自己的法则。有些法则是人们难以理解的，所以在世人眼中就是一种奇迹。第六感就是自然界中一种非常接近奇迹的东西。

我明白，有一种东西，或者说是一种力量，渗透进了每种物质的原子之间，包裹着人们能够感受到的每一个能量单位。一旦拥有了这种能量，那么种子很快就能够开花结果，泉水也将遵循重力的原则流下山坡。四季的更迭、日夜的循环，世间万物都能按照其规律，相得益彰地发展。运用这种哲学规律，欲望就能转化为具体的东西。我是知道这一点的，因为他拥有这种经验，也进行过多次实验。

读完前面的众多内容，你已经来到了最后的原则面前。如果你已经能够完全掌握前面我们所说的各种原则，那么现在你就能够毫不怀疑地接受这种惊人的说法了。但是，如果你还没能掌握其他的原则，那么你就必须回到前面去补课，只有这样你才能明白，本章所说的内容到底是真实的还是虚构的。

在人类的历史上,一直都存在着英雄崇拜,我也努力地模仿那些我最崇拜的人。除此之外,我发现,在我努力地模仿偶像时,我拥有的自信心能够让我成功地做到模仿这件事情。

第三节 你的人生由伟人塑造

崇拜英雄是我一直以来保持的一个习惯。我的经验告诉我,如果我不能成为真正的伟人,那么不妨去模仿伟人,这样一来,我就能够在感觉上和行动上真正地接近他们。早在我发表一篇诗歌,或者是尝试在人们面前发表演说之前,我就已经有一个习惯了,那就是通过模仿九个人来重新塑造自己的个性。

我选择的这九个人,他们的一生波澜壮阔,他们取得的成就辉煌灿烂,对我产生了很大的影响。他们就是爱默生、潘恩、爱迪生、达尔文、林肯、伯班克、拿破仑、福特和卡内基。有几年的时间,我每天晚上都幻想着和这些人一起召开咨询会议,我将他们称为我的隐形顾问。

会议的过程是这样的,晚上睡觉之前,我闭上眼睛,然后想象着他们和我围坐在一起,一起开会。在这个时候,我不仅能够坐在众位伟人中间,还能够担任主席,指挥这些伟人。每天晚上召开会议时,我都有一个非常明确的目标。在整个会议的过程当中,我就是想要重新塑造我的性格,让我能够成为这些伟人顾问的综合体。在很久以前我就明白了,无知与迷信的环境对我造成的阻碍是非常巨大的,我必须要克服这些障碍。因此，我才使用了这种办法来重新塑造自己的个性。

第四节　自我暗示塑造个性

每个人能够变成现在的样子，都是因为自己的主宰意念以及自己的欲望。每个人深藏着的欲望都能够让人们追求这些欲望的外在表现，并且试图通过这种表现，将欲望变成真正的现实。自我暗示就是在个性塑造的过程当中非常有力的一种因素，实际上，它也是用来塑造个性的唯一准则。

当我们了解了这些以后，我们就具备了重塑自己个性的所有装备。在我的假象会议当中，我的每个内阁成员都会为我提供我所需要的知识，我甚至可以对他们说："爱默生先生，我希望能够从你那里获得了解自然的神奇力量，这种力量造就了你不平凡的一生。我要求你将你所有的品质，就是那些能够让你了解，并且适应自然规律的品质，放在我的潜意识当中。"

"伯班克先生，我要求你将你与自然规律协调一致的知识传授给我。凭借着这些知识，你成功地去掉了仙人掌的刺，使仙人掌成了一种可以吃的东西。那么，你现在要告诉我，你是如何让只长一片的草生长出两片的。"

"拿破仑先生，我希望能从你身上学习到那些神奇的能力，这种能力能够给人以鼓舞，能够激励人心，让人们爆发出更加强大、更加坚定的行动精神。同时，我希望能够得到

你转败为胜、克服一切障碍的坚定信心。"

"潘恩先生,你的思想自由以及表达自己见解的勇气是我最希望得到的。你的思维总是那样的清晰,让你显得如此不凡,我希望你能将这些东西传授给我。"

"达尔文先生,你永远都不枯竭的耐心,你在科学领域中清楚举例、客观公正的研究因果关系的能力是我最希望获得的。"

"林肯先生,如果我的性格当中能够拥有你的正义感、你永远都不感觉疲倦的耐心、你的幽默感、你的理解与宽容,那实在是再好不过了。"

"卡内基先生,你用来有效建立庞大工业企业的各项组织原则是我最希望了解的东西。"

"福特先生,我渴望能够获得你不屈不挠的精神、决心、镇定和自信,正是这些高贵的品质让你能够战胜贫困,让你组织人们、团结人们,并且简化了人类在工业当中的工作。如果我能因此而帮助到其他人,让他们沿着你的足迹前进,是多么美好的一件事情。"

"爱迪生先生,你那用来揭示无数自然奥秘的自信心,你不辞辛苦,每每能够从失败当中获得胜利的不懈精神,希望你能够传授给我。"

第五节 力量惊人的想象力

我的假想内阁成员们说话的方式经常会改变,而改变的

第十四章 神秘的第六感

依据就是我当时最想要的个性特征。因为我详细地研究过他们的生平,所以在几个月的假想会议以后,我脑海中的这些伟人居然变得活灵活现。这九个人的性格是截然不同的,林肯经常迟到,而且他走路的步伐特别沉稳,经常在会议上躲来躲去。他表情严肃,我很少能够看见他的笑容。其他几位也有自己不同的个性,伯班克与潘恩成了好朋友,他们两个的对话充满智慧,这些话经常让内阁当中的其他成员感到震惊。有一次,伯班克迟到了,但是他来的时候显得兴高采烈,并且解释说,他正在做一项实验,所以迟到了,他的实验内容是,让每一棵树都能长出苹果来。听完这段话,潘恩讥讽他说,男人和女人之间的所有麻烦都是从一个苹果开始的。达尔文听见以后则哈哈大笑,他建议潘恩到树林里采苹果的时候要小心那些小蛇,早晚有一天这些小蛇会长大。爱默生听见了以后说:"没有蛇,也就没有苹果。"拿破仑从旁搭腔说:"没有苹果,就没有国家。"这些会议的真实程度远远超过了我的想象,所以有时候我甚至会对此感到恐惧,有几个月都不敢再想这些事情。这些体验显得非常怪异,我害怕如果继续进行下去,我就会忘记一个事实,那就是这个会议不过只是存在于我的想象中而已。

这是我第一次鼓起勇气谈论这件事情,在此之前,我始终保持着沉默。由于我对它们的态度,如果我将这件事情说出去,那么我这些非同寻常的体验肯定会被人误会。如今,我已经有勇气将我亲身经历过的这些事情写成文字,因为我再也不会因为我幻想中的这些语言而感到害怕了。

为了不被人误解,我现在仍然要郑重强调一件事情,那

就是我的幻想会议，真的只是存在于我的幻想当中而已。但是我要说明一点，尽管这些内阁成员是我虚构的，会议也只存在于我的想象当中，但是这个会议却带我走上了一条辉煌的道路，让我燃起了对那些伟大事业的向往，激发了我的创造力，让我有了对其他人表达真情实感的勇气。

第六节　第六感，灵感的源泉

在我们的脑细胞中，有一个用来接收意念震波的器官，科学至今都不知道这个第六感觉器官到底在大脑的哪个地方，但是这并不重要。人类可以通过身体感官之外的来源接收那些知识，如今这已经被证明是一个事实。在人类的大脑遭受到非常巨大的刺激时，就能够接收到自己感官之外的知识了。任何一种能够激发情感，让你心跳加速的紧急情况，都能够活跃你的第六感。例如，那些差点遭遇车祸的人都知道，在车祸到来的紧急关头，第六感总是会及时出现，从而避免交通事故。

第七节　越是强大的力量，增长就越是缓慢

第六感这种力量不是你想要就能要，不想要就能不要的。如果你能够运用这股强大的力量，那么就已经达到了本书各项原则的终极目标。不管你是什么人，无论你是怀着什

第十四章 神秘的第六感

么样的心态来阅读这本书,即便你不了解本章中所描述的原则,也同样能够因为这些原则获得好处。积累财富或者其他物质方面的东西是你的目的,你能够获益的这种状况是不会改变的。

本章之所以包含在本书当中,是因为本书所要讲述的是一种哲学,一种完整的哲学,一种能够让人们准确地引导自己的哲学,能够让自己获得人生当中要追求的一切。任何成就的起点都源自欲望,而一路上要经历认识自我,发现自我,认识他人,认识自然规律,认识和理解幸福到底是什么。只有能够熟悉和运用本书中提到的第六感原则,才能够让这种认识真正地完善成型。

读完本章以后,你会发现自己已经被提升到了一个全新的心理刺激层次。一个月以后,你再次阅读本书,你会发现你的心理刺激层次再次获得了提升。

如果你想要不断地重温自我升华这个阶段的体验,那么就不要在乎自己到底学到了多少东西,因为到了最后,你会发现自己获得了一种非常强大的力量,这种力量能够让你坦然面对失败,能够让你控制自己的恐惧,能够克服自己的拖延,能够让你为想象力插上翅膀。这个时候,你已经感受到我们谈到的未知的那个东西了。它永远是一个真正伟大的人,一个领袖、一个思想家、一个艺术家、一个音乐家、一个作家,甚至是一个政治家不可或缺的动力。到了这个时候,你能够轻易地将你的欲望转化为实质的物质产品或者经济对等物。这种轻易的程度就如同你之前遇到困难就想要放弃一样容易。

第十五章
直击内心的六种恐惧

◀ 第一节　解剖自我，找到是什么阻碍了你的成功 ▶

想要获得成功，就必须要熟练地运用本书中所提到的哲学内容。在这之前，相信你会做一些准备工作。这些准备工作很简单，主要是研究、分析和认识必须要铲除掉的三个敌人：犹豫、怀疑和恐惧。你的头脑中如果存在这三种消极情感中的任何一种，那么你的第六感就很难发挥作用。这三种力量是非常邪恶的，并且它们之间的关系紧密相连。如果你在你的大脑中找到了其中一种，那么我相信其他两种也就在附近。

犹豫就是恐惧的幼苗，在读本书时千万要记住这一点。犹豫会逐渐变成怀疑，当两者结合到一起的时候，恐惧就诞生了。幸好这种结合的过程是非常缓慢的，但是这也是这三种敌人为什么如此危险的一个重要原因。在你不知不觉的时候，它们就已经在你的潜意识中生根、发芽，茁壮成长了。

本章讲述的是，在你实际运用我们之前讲过的哲学原则的时候，必须要实现的目标，还分析了很多人为什么贫穷，

第十五章 直击内心的六种恐惧

如果想要致富需要了解一些什么。这种财富既可以是物质上的金钱，同样也可以是那些能够让你不断变好的心态。

本章的主要内容就是分析六种基本恐惧产生的原因，以及如何去补救。在你击败你的敌人之前，我们必须要了解我们的敌人，我们要知道这些恐惧的名字、习性以及它们所在的位置。阅读的时候，请你进行自我解剖，看看你身上究竟存在着哪几种恐惧。

我们所要面对的敌人是非常狡猾的，它们的习性导致了它们可以隐藏在你的潜意识层面，让你很难确定它们的位置，因此彻底除掉它们就变成了一件非常困难的事情。

第二节 六种恐惧

最基本的恐惧就有六种，我们每个人都有被恐惧困扰的时候。如果我们的人生完全不受这六种恐惧的影响，那么无疑是非常幸运的人生。将这六种恐惧按照常见度来排序，分别为恐惧贫穷、恐惧批评、恐惧病痛、恐惧失恋、恐惧衰老、恐惧死亡。除此之外还有其他的恐惧，但是都比不上这六种恐惧来得常见、来得可怕，并且很多恐惧都可以归类到这六种之内。

恐惧其实只是我们的一种心理状态，而任何心理状态都是可以控制和引导的。如果我们的构思不能经过我们的意念冲动，那么我们将不会有任何创造力。在这以后，还有一个非常重要的说法，那就是人的意念冲动。无论是自觉还是不自觉的，意念冲动都会很快转化为与实质对等的东西。即便

是我们偶然获得的一些意念冲动，即从他人头脑当中释放出来的意念，和那些有目的、有计划的个人意念相比，同样能够决定一个人在经济、商业、职业或者其他各方面的命运。

很多人不理解，有些人就是更加受到命运的眷顾；而有些人具有一定能力，在教育背景、人生经历以及智力层面都和那些成功者非常接近，甚至更加优秀，但是他们就没有受到命运的眷顾，甚至可以说是经常遭遇不幸，这是一个客观存在的事实。有一个说法可以解释这种情况，那就是每个人都有能力完全控制自己的意志，凭借着这种控制力，每个人都可能会敞开自己的心胸，去接纳其他人大脑当中释放出来的意念冲动。但是，也可以选择紧闭自己的心门，只选择接受自己的意念冲动。

人们与生俱来就能控制的东西只有自己的意念。这个事实与人们的创造力源自意识相结合，就能找到人们控制自己恐惧的原则。假如所有的意念冲动都能够以实质对等物来表现自己的倾向，那么贫穷和恐惧就真的能够瓦解你的勇气，削减你的经济和利益。

第三节　恐惧贫穷

贫穷与财富的中间地带是什么？很多人都在思考这个问题。其实，那里什么都没有。只要你在通往贫穷的道路上，那么你就已经背离了财富的道路。如果你想要获得财富，那么你就必须拒绝任何导致贫穷的环境。通往财富道路的起点，就是欲望。在第一章中，我们已经说过要如何去运用欲望。而在本章里，我会清晰明确地告诉你，如何做好实际运用欲望的心理准备。

在这里，我要向你挑战，你能够准确地估计自己对哲学了解了多少吗？这就是所有问题的关键，你能够成为一个先知，能够准确地预知未来。你读过本章以后，如果你愿意，你可以选择去接受贫穷。但是，财富和贫穷，你总要做出一个决定。

如果你想要财富，那么你就要决定你想要多少财富，你想要什么类型的财富。你已经站在了通往财富之路的起点，并且拿到了全程的地图。如果你按照这张地图不断地前进，那么你绝对不会迷路；如果你心怀犹豫，踌躇不前，或者是一只脚踏进去，遇到失败就停止，那么无法取得财富就完全是你自己的问题。

如果你现在没有能力要求人生巅峰时期的财富，或者是你不想要人生的财富，你同样没有借口去逃避你的责任。因为想要获得财富其实非常简单，只要有良好的心态就够了。心态是个人身上所表现出来的东西，这不是肯花费金钱就能够买到的，只能靠你自己去创造。

第四节　破坏性最强的恐惧

对于贫穷的恐惧其实只是一种心态而已，但是它所造成的破坏却是非常可怕的，它能够毁掉一个人在工作当中的所有成功的机会。这种恐惧能够摧毁人的理性，破坏人们的想

象力，扼杀自立，侵蚀热情，挫伤上进心，让自己的目标摇摆不定，让自己充满惰性，让人无法控制自己。它能够抹杀人个性中所有的吸引力，破坏人们自主思考的能力，让人们转移自己的注意力，控制人们的毅力，将人们的意志力完全瓦解，毁掉人们所有的理想和抱负。它会模糊你的记忆，扼杀你心中的爱和其他美好的情感，破坏你和朋友之间的友谊，并且让你遇到各种各样的灾难。你会因此而失眠，从而被悲伤和不幸缠上。尽管我们居住的世界里充满了美好的东西，充满了我们想要得到的东西，但实际上，如果我们缺少明确的目标和指示，即便欲望没有任何阻碍，我们仍然会遇到上述各种各样糟糕的境遇。

恐惧贫穷是六种恐惧里最为可怕、最有破坏力的一种，因为想要控制它是最难的。人们对于贫穷的恐惧是与生俱来的，几乎所有比人类低等的生物都会受到掠夺本能的驱动，它们缺少智力，不能进行大量的思考，所以它们只能依靠自己的肉体不断地掠夺同类。人类有着比较优越的直觉，有着出色的思考与推理能力，不会杀害、食用同类，但是会从经济方面吞噬自己的同类以获得更多的满足。人性本身是非常贪婪的，所以人们才需要用法律来保护自己免受同类的威胁。

能给人最多痛苦的东西就是"贫穷"。只有真正体验过贫穷的人才能明白这两个字的真正意思。人们害怕贫穷很多时候不是因为自己，而是祖祖辈辈的经验。人们能够确信，有些人是不能被信任的，只有金钱和其他的物质财产才是真正值得被看重的东西。

人类是渴望获得财富的，所以会想方设法地获得财富。

第十五章　直击内心的六种恐惧

如果有必要,或者足够方便的话,人们也会在法律允许的范围之外采用各种方式。自我解剖会让你发现自己不愿意承认的弱点,但对于任何想要获得财富,不想要一生贫穷、平庸的人来说,自我解剖是非常必要的。但是,自我解剖需要一点点地进行,在整个过程中,你是法官,是陪审团,是监察官,是辩护律师,是被告,是原告。只有公正地面对这些事实,询问自己那些明确的问题,要求自己马上做出回答,你才能拥有一个公正的自我解剖。这个过程结束以后,你会更加了解你自己。如果你觉得在自我解剖的过程中无法保持公正,那么请找一位足够了解你的人来担任法官这个角色。

你需要得到你自己的真实状况,不管付出怎样的代价,即便你会觉得尴尬,也要获得真实。如果被问到你最怕什么,你给出的回答是你什么都不怕,那么这就是一个错误的回答。很少有人知道自己会害怕什么,自己究竟会因为哪一种恐惧而束缚自己的精神和肉体。

恐惧情绪是非常狡猾的,它们擅长隐蔽自己,可能伴随着某个人度过了一生,它却还没有被发现。只有那些勇于自我解剖的人才能让恐惧现出原形。当你开始自我解剖的时候,你要从自己的内心深处和性格深处去寻找。下面为你提供几种你应该知道的症状。

第五节　恐惧贫穷的症状

(1)冷漠。冷漠主要的表现是缺少抱负,情愿忍受贫穷,对于生活给你的任何东西逆来顺受,生理和心理上都非常怠惰,缺乏主动性、想象力、热情和自制力。

(2)犹豫不决。允许其他人代替自己思考,并且凡事不行动,只观望。

(3)怀疑。怀疑常见的表现是经常掩饰自己的失败,或者是为自己的失败寻找借口。有时候也表现为妒忌和批评其他人的成就。

(4)焦虑。焦虑常见的表现是对他人吹毛求疵,喜欢挥霍,不在乎自己的外表,经常皱眉、酗酒、紧张,缺少镇定和自我意识。

(5)过分谨慎。喜欢探究任何与消极情绪有关的情况,不去寻找能够成功的办法,反而经常考虑可能的失败。熟知失败的办法,却不去找那些能够避免失败的计划。总是在等待机会,认为机会妥当了才能够行动,结果永远都在等待。内心过分谨慎的人只有失败者,却从来没有成功者。一个甜甜圈,只能看到中间的空洞,却忽略了甜甜圈本身。态度总是悲哀的,导致身体消化不良,排泄不畅,呼吸不顺,脾气暴躁。

(6)拖延。总是将应该做的事情留到明天,将足够完成任务的时间花费在编造借口上。这种症状和过分谨慎、怀疑、焦虑等情绪有着紧密的关系。只要有机会逃避,就绝对不会承担责任。宁可妥协,也不愿意奋斗,不认为困难是通往成功的垫脚石,遇到困难马上低头。为了生活而追求一点儿蝇头小利,不愿意去着眼成功、机会、财富、满足和幸福。没有破釜沉舟的勇气,总是想着失败时应该如何补救。缺乏自信，缺少明确的目标、自制力、动力、热情、抱负、节俭和健全的推理能力。不去追求财富，只能与贫穷为伴。与那些安于贫穷的人为伍，不去结交那些想要获得财富的人。

第六节 钱是万能的

有人问过我，为什么要写一本关于金钱的书，为什么要用金钱来衡量财富。我也明白，能够衡量财富的，当然不只有金钱。但是，仍然有数以百万计的人会说："给我钱，我就能获得任何我想要的东西。"我这本书的主要内容就是如何获得金钱，因为有太多的人被贫穷吓倒了。威斯特布鲁克·佩格勒非常清楚地阐述了这种恐惧对于们的影响：金钱不过是贝壳、金属或者纸片，心灵上的财富或者精神上的财富是金钱买不到的。但是，那些一文不名的人是无法了解这一点并会因此振奋的。一个人失魂落魄、流离失所、无所事事的时候，他的精神就会发生变化。他们会垂着自己的肩膀，歪戴自己的帽子，步伐低沉，眼神中充满了失落。在那些拥有固定资产和工作的人中间，他们总是显得非常自卑，即便他们知道，那些人不管是在人格上、智慧上还是能力上都不如自己。那些拥有工作的人，甚至是失意者的朋友，在他们的面前都会产生一种优越感，甚至将他们看成受害者。

他可以去借钱，但是靠借钱生活是无法持续的。当一个人为了生存而借钱时，借钱已经成为一件非常沮丧的事情，并且借来的钱是无法像赚来的钱一样让人精神振奋的。当然，

这些话并不适用于那些游手好闲的懒汉、废物，只适用于那些仍然有自尊，仍然有抱负的人。

处于困境的女人所呈现的又是另外一副模样，不管在任何时候，我们都无法想象穷困潦倒的女人是什么样子。她们很少站在等待救济的队伍当中，也很少在街上乞讨。在人群当中，我们无法像分辨男人一样找到那些穷困的女人。当然，我并不是说那些蹒跚在城市里的老妇人，而是那些年轻、聪明、优雅的女性。我相信这样的女性一定有很多，只是她们的失意表现得不是很明显而已。

当一个人穷困潦倒的时候，他就有足够的时间去思考。他可能会奔波很远的路程去找一份工作，结果却只能充当一个后备，或者是从事一份没有底薪的工作。当他们放弃这份工作以后，又只能回到街上，无家可归，四处游荡。他们茫然地行走在街上，看着商店橱窗里那些与自己无关的奢侈品，心中产生了浓浓的自卑。很快，他们就将观望的位置让给了其他有兴趣的人。他们可能会游荡到火车站，或者去图书馆歇歇，但是这不是长久待的地方。或许他们穿着一身还有工作时的体面衣服，但是衣服是无法掩饰他们消沉的情绪的。

他们发自内心地羡慕那些忙忙碌碌、有工作的人，他们独立，拥有自尊和人格，但是他们无法相信自己也是一个出色的好人。虽然有的时候他们也会为自己据理力争，有时候也能得到一些正面的肯定。

造成这一切差距的原因是什么呢？毫无疑问就是金钱。只要给他们一点点钱，他们就能够找到自我。

第十五章 直击内心的六种恐惧

第七节 恐惧批评

恐惧批评是一种特别的恐惧,这种恐惧从何而来没有人能够说得清楚,但是有一点是可以肯定的,那就是这种恐惧是高于其他的恐惧形式的。我认为,恐惧批评属于人类天性的一部分,这一点会让他在掠夺了同胞的东西后,还批评同胞的人格,进而让自己的行为合情合理。小偷为了让自己的行为合理,会去批评那些被偷了的人;政客取得成绩不是依靠自己的美德和才华,而是通过诋毁自己对手的名誉。

那些聪明的服装业者总是能够毫不犹豫地利用人们对于批评的恐惧,这种恐惧是人类与生俱来的通病。每个季节的服装款式都在变化,而决定服装款式的人并不是那些购买服装的人,而是那些生产服装的人。生产者们不断地变化服装的款式,就是利用人们的批评恐惧从而卖掉更多的衣服。同理,汽车厂商们也会根据不同的季度更换他们的车型,毕竟每个人只要开上了最新款式的车,就不用担心被批评了。

害怕被批评会剥夺人们的主动性,摧毁人们的想象力,抢走人们的独立思想,限制人们的个性,并且以其他各种各样的方式来危害人们。父母经常批评孩子,有些时候批评对孩子造成的伤害是无法弥补的。我有一位童年好友,他的母亲每天都会打他,打完以后还说:"你不到20岁,就要进劳教所。"结果他真的在17岁那年进了劳教所。

人们说了太多批评的话,几乎每个人都有一大堆的批评,不管别人是否接受,他们都会主动送上。最常批评你的人往往就是你最亲近的人，父母就是用了太多不必要的批评而让孩子产生了自卑情绪，这简直是一种犯罪。那些出色的领导往往会告诉员工一些非常有建设性的话，而不是批评，因为批评是无法挖掘一个人的潜力的，父母对孩子同样可以采用这种方式。批评会在心中滋生恐惧和憎恨，而不是建立爱心和关怀。

第八节 恐惧批评的症状

害怕批评的人和害怕贫穷的人一样到处都是，这对个人的成就有着非常致命的影响，主要是因为这种恐惧会摧毁一个人的主动性，扼杀一个人的想象力。恐惧批评的主要症状有：

（1）自我意识。常见的表现是紧张，害怕和人交谈，甚至不敢见陌生人。在生人面前会表现得非常紧张，手足无措。

（2）不镇定。表现是声音颤抖失控，在其他人面前非常紧张，举止失常，记忆力和集中力都很差。

（3）缺少自己的个性。缺少判断力、个人魅力，以及能够表达自己意见的能力。不能够公正地去看待问题，习惯逃避，不敢评论他人的意见，只敢随声附和。

（4）自卑。经常在其他人面前表现自己的自信，其实是为了掩饰自己的自卑。经常使用一些不常见的词语，以给人留下深刻的印象，但是他们自己并不了解这些词沼真实的含义。模仿他人的穿着、言谈举止，夸大自己取得的成就，表现自己的优越感。

（5）奢侈。像有钱人一样花钱大手大脚，但经济状况入不敷出。

（6）缺少主动性。无法抓住自我提高的机会，害怕表达自己的真实意见，对于自己的构想和计划缺少自信，对领导的提问闪烁其词，语言和态度表现得犹豫不决，并且经常使用欺骗性的话语。

（7）缺少抱负。为人懒惰，缺少主见，容易受到其他人意见的影响。经常在背后批评别人，但是当面时又奉承别人，经常没有任何意见地接受自己的失败，或者因为别人对他的不满而终止对自己有利的工作。经常毫无理由地怀疑其他人，说话和举止缺少技巧，经常犯错却不愿意接受别人的指责。

第九节　恐惧病痛

恐惧病痛的历史非常悠久，可以追溯到身体和社会的遗传性，根源就是人们恐惧年老，恐惧死亡。因为人们害怕死亡的未知世界，而病痛会把人们带到那个世界的边缘。人类对于那个世界一无所知，对于病痛的认识完全来自那些让人不愉快的故事。另外，有一些不道德的人，他们通过人们对病痛的恐惧而做一些"出售健康"的生意。

人们害怕病痛，因为病痛会带来死亡，而死亡是一件非常恐怖的事情。病痛还会带来沉重的经济负担，会造成恐惧贫穷。一位很有名望的内科医生表示，在寻求医生专业服务的人当中，有75%的人患上的是抑郁症。人们由于对病痛的恐惧，会无缘无故地患上那些真正的疾病。人类的想象力和心理作用非常强大，它能够成就一些好事，也能够带来一些坏事。

几年前的一连串实验可以证明，暗示能够让人们患上真正的疾病。我有三个熟人，应我的邀请拜访"受害者"，他们分别提问了一个问题："你怎么了？你看起来病得很严重。"当实验对象面对第一次提问的时候，只会淡然一笑，随后就若无其事地说："没事啊，我挺好的。"当他们面对第二个发问者的时候，就会说："我也不是很确定，但是我的确有些不舒服。"当他们回答第三个人的问题时就会说："是啊，我真的生病了。"

如果你不相信我的实验结果，你可以亲自进行尝试，但是一定要注意尺度。某一个教派的成员，号称能够使用巫术来报复敌人，他们"下咒"的方式就是不断地使用这种暗示，让人们感觉不舒服，并且这种暗示可以通过一个人传递给另外的一个人，或者从一个人的内心当中产生。

我曾听过一句话："有人问我怎么了的时候，我总是想要一拳朝着他们的脸打过去。"这个人显然是个聪明人，他就不会受到上述实验的影响。

医生会要求病人注重自己的健康，为了保证健康而变更自己的环境。因为心态也会影响健康，恐惧病痛的种子总是埋藏在人们的心里。焦虑、恐惧、沮丧、爱情和事业的不顺利，都能够促进这个种子成长。

最能让恐惧病痛生根发芽的是爱情和事业的不顺利。有一个年轻人就因为失恋而住进了医院，他徘徊在生死之间，足足有几个月之久。后来一位心理治疗专家请来了一位非常漂亮迷人的护士来招呼他,这位护士从来的第一天,就开始向这个病人示爱。当然,这是出于医生的安排。结果不到一个月,这个病人就出院了。他仍然感觉非常痛苦,但是却是患上了相思病。这种治疗方法虽然是欺骗,但是这个病人最终和那个护士结婚了。

第十节 恐惧病痛的症状

恐惧病痛是很多人都有的情况,主要症状有:

(1)消极的自我暗示。经常利用消极的自我暗示,总是去找各种病症的症状,经常想象自己患上了某种疾病。习惯尝试其他人所推荐的时尚学说,认为这些东西很有价值。经常和人谈论手术、意外和其他疾病。在没有专业指导的情况下尝试节食、健身等各种减肥计划,尝试家庭药方、专利产品和一些无证医师提供的药。

(2)抑郁症。经常谈论疾病,经常注意自己是否患上了什么疾病,并且预计自己生病,到最后精神崩溃。药品并不能治疗这种情况,因为抑郁症是由人们的消极思想而产生的,只有那些积极的想法才能够治疗抑郁症。据说,有时抑郁症会让人们患上他所担心的那种疾病,对人的危害非常巨大。很多严重的精神病例就来源于想象中的疾病。

(3)缺乏运动。恐惧病痛会让人犯懒,让人不去户外运动,让人缺少适当的体育运动,最终导致肥胖。

（4）抵抗力差。越是害怕疾病，自身的抵抗力就越会遭到破坏，会为各种传染病创造合适的环境。恐惧疾病和恐惧贫穷也有着密切的关系，在想象的情况下人们会不断地担心自己要付出的医疗费，甚至会提前准备出时间和金钱用来生病。

（5）自怨自艾。使用想象中的疾病来博得其他人的同情，人们经常使用这种方法来逃避工作。习惯性的用装病来掩饰自己的懒惰，并且将其作为缺少抱负的借口。经常阅读那些和疾病有关的文章，害怕得病，经常阅读专利药品的广告。

（6）放纵。经常使用药品和酒精来麻醉自己，消除自己的头疼、神经痛等痛苦，而不是寻找根治疾病的方法。

第十一节　恐惧失恋

恐惧失恋也是人们与生俱来的恐惧，这主要是因为男人有窃取他人妻子的习惯，只要有机会，他们随时都会轻薄女人。妒忌和其他类似的精神疾病就源自人类天生对于失去某个人的爱的恐惧。这种恐惧是六种恐惧当中最为痛苦的，所以它比其他的基础恐惧更能破坏人的身心。

失恋的恐惧恐怕要追溯到远古时期——石器时代，那个时候男人想要获得女人的欢心，必须要使用蛮力。直到现在，男人仍然在不断地获取女人的欢心，只不过所使用的方法变了。现在使蛮力已经行不通了，劝诱才是最好的方式。为女人买华丽的衣服、名贵的汽车，这是远比体力更加有用的诱饵。男人的习性与文明的曙光在出现之前毫无变化，只不过是表现方式变了。根据分析显示，女人要比男人更加容易感受到这种恐惧。

第十二节 恐惧失恋的症状

恐惧失恋的症状主要有：

（1）妒忌。经常在没有证据的情况下怀疑自己的亲人和朋友，在没有任何证据的情况下指责自己的伴侣不忠。经常性地怀疑别人，不信任任何人。

（2）挑剔。经常因为一些比较小的事情挑剔自己的朋友、亲人、同事和伴侣。

（3）赌博。经常使用一些赌博、偷窃、欺骗和其他冒险的方式用金钱换取自己爱的人的欢心，认为爱情是可以买来的。经常透支自己的财产或者是贷款，用来购买礼物给自己所爱的人，以此换取一个好的印象。他们经常失眠，也缺少毅力，意志非常软弱，缺少意志力和自制力，不能自立，脾气暴躁。

第十三节 恐惧年老

恐惧年老，其实恐惧的往往并不是年老本身，人们害怕自己老去，更多的是因为很多老年人都面临着窘迫不堪的经济状

况；另一个原因则是，过去的经验告诉人们，年老以后就离那个可怕的世界越来越近了。人们对于年老恐惧的来源是相对比较明显的，但是人们恐惧年老的理由却往往深藏在潜意识里，理由同样有两个：一个是因为对自己同类的不信任，一旦自己年老，就会变得不再强大，不再具有力量，就很难保护那些属于自己的财产；另一个原因是人们将死去的世界渲染得非常恐怖，各种宗教都将死人将去的地狱描写得充满痛苦。

人老了以后，或多或少会患上一些疾病，这也是人们害怕年老的一个重要原因。性吸引力也是人们恐惧年老的一个重要原因，因为人老去以后，性吸引力就会越来越低，这是每个人都不愿意看到的事情。

人们害怕年老，其根本的原因还是贫穷。养老院是一个可怕的字眼儿，任何人只要想到自己可能会在养老院中度过剩下的日子，内心难免会升起一种凄凉的感觉。害怕年老还和失去自由和独立有关，因为人一旦老去，身体机能逐渐下降，经济状况也会一日不如一日，到时不管是身体还是经济方面，都会逐渐地失去自由。

第十四节　恐惧年老的症状

恐惧年老最常见的症状有如下几种：

（1）未老先衰。人们心理普遍成熟的年纪大概是40岁，那些恐惧年老的人到了40岁时就已经开始行动迟缓，并且越来越因为自己的年龄自卑。他们在人生中最美好的时光错误地觉得自己将会因为年龄的增长而失去自我，因为他们在40岁这个黄金时期错误地认为自己已经老了。正相反，当一个人40岁时，他应该为自己骄傲，应该充满感激，因为这个年纪的你，正是充满智慧和领悟的年纪。

（2）不思进取。错误地认为自己已经老了，不可能再进步了。这是一种错误的想法，如果因此扼杀了自己的进取心、想象力和自立能力，那才是真正的悲哀。

（3）故作年轻。很多人到了40岁左右的时候，因为害怕年老，害怕被周围的人当成年老的人，所以开始不断地追求年轻人的穿着，开始喜欢年轻人喜欢的东西。这并不会让周围的人认为你还年轻，只会发自内心地嘲讽你。

第十五节 恐惧死亡

死亡要位列所有恐惧当中残酷排行榜的首位，这个原因是非常明显的。人们在过去的几亿年中始终处于一种不断追求的状态，"从哪里来""要到哪里去"，这些问题始终困扰着人们。那么，人们死后究竟要到什么地方去呢？是否真的还有来生呢？始终找不到这些问题的答案，成为人们恐惧死亡的主要原因。

从科学的角度来说，组成这个世界的东西只有两种，那就是能量和物质。基础的物理就能够告诉我们，物质和能量都不能被毁灭。如果生命是一种东西，那么就应该是以能量的方式存在的。能量和物质都无法被毁灭，那么生命也是如此。当人们死去以后,生命将通过自然界中的一些转化或者变化不断地传递下去,但是绝对不会被毁灭。死亡,不过是能量转化中的一种形式而已。

如果死亡不是不断地改变和转化,那么死亡就是漫长、宁静、永恒的睡眠,睡眠有什么好怕的呢?所以,从根本上来说,你永远都没有必要恐惧死亡。

第十六节 恐惧死亡的症状

恐惧死亡由来已久,这种恐惧的具体表现有:

(1)经常去思考与死亡有关的事情,从而影响到自己现实的生活,无法享受人生。这往往是因为缺少目标,或者自己如今的工作并不合适造成的。

(2)上年纪的人经常会恐惧死亡,但是有时年轻人也会想到死亡。其实克服对死亡的恐惧是非常简单的,只要在你心中还有对成就的追求,还有强烈的欲望,还能够为追求自己的欲望而不断工作,那么你就不会畏惧死亡,那些忙碌的人更是联想到死亡的时间都没有。

(3)对于死亡的恐惧往往和贫穷有着密切的关系,因为如果你是家中的顶梁柱的时候,如果你死去了,那么你的亲人难免就会陷入贫困的窘境。有时恐惧死亡也与自己的病痛和身体的抵抗力低下有关。能够让人产生死亡恐惧最常见的原因就是糟糕的健康状况、贫穷、工作不合适、失恋、精神出现问题。

第十五章 直击内心的六种恐惧

第十七节 忧虑

忧虑是恐惧带来的副产品，它并不会直接对人造成影响，但是它的作用却缓慢而持久，会慢慢侵蚀人们的心灵。如果一个人内心始终存在着忧虑，那么他将会慢慢失去健全的理智，毁掉自己的自信心和进取心。忧虑往往是因为犹豫不决而引起的，但是它同样是一种心理状态，只要是心理状态，我们就能够想办法加以控制。

充满忧虑的心是不安定的，而造成这一切的罪魁祸首正是犹豫不决。大部分人缺少果断的决策能力以及绝不放弃的意志力。如果人们能够在下定决心以后，马上就开始行动，那么就不会再遭受任何忧虑的困扰。有一次，我见到了一个在两个小时以后就要被执行死刑的人。那个死刑犯是在死囚牢里8个人中最为平静的一个。他的平静让我不能无视，我好奇地问他："你知道自己在不久以后就要面对死亡了吗？这是一种怎样的感受？"他微笑地对我说："朋友，这种感觉好极了。你可以想象一下，所有的困扰马上就要结束，我不需要为了衣食而奔波，我不再需要这些东西。从我开始知道自己要死的时候，就如释重负了。我决定要用最愉快的心情接受死亡这件事情。"

在他说话的时候，他吃了足够三个人吃的晚餐，吃得非常香甜，一点儿东西都没有剩下，就好像他眼前没有任何困难。这就是决心起到的作用，他告别了自己的命运。但是，决心同样能够让一个人拒绝接受自己面对的逆境。

六种基本恐惧会因为你的犹豫不决而变成忧虑，承认死亡是一件不可能避免的事情，如果你承认，那么你将永远不会受到死亡的恐惧；如果你决定无忧无虑地接受你拥有多少财富的事实，那么你将永远不会受到贫穷的恐惧；如果你能够下定决心，不管别人的想法、说法以及做法，那么恐惧批评将会永远地远离你；如果你能够下定决心不将年老看成一种障碍，而将其看成一种让自己拥有年轻时没能拥有的智慧、自制力和领悟的一件好事，那么你就不会恐惧年老；如果你下定决心忘记那些与病痛相关的事情，那么你就能对病痛恐惧免疫；如果你决定在没有爱情的时候也能够过上一段日子，那么你就能无视失恋的恐惧。

只要你下定了决心，你就会发现在这个世界上没有什么东西是值得你去忧虑的，从而能消除忧虑这种习惯。你有了这种决心，就能够使内心镇定和平静，为心灵带来幸福。心中充满恐惧的人，永远都无法自然地表现自己，并且还会将这种充满破坏性的震波传递给其他人，毁掉身边其他人的机会。当一个人缺少勇气的时候，他的马、他的狗都会感觉得到。马和狗也能够接收到主人传递出来的恐惧震波，会表现出同样的情绪。即便是那些智力水平很低的生物，也有接收恐惧震波的能力。

第十八节　祸害无穷的破坏性思考

恐惧震波具有传递性，并且这种传播速度非常惊人，可

第十五章 直击内心的六种恐惧

以比得上人的声音从广播站到收音机。通过口头表达消极或者破坏性思想的人，肯定会受到这些言语的反作用。任何单纯表达破坏性意念的冲动，如果没有经过语言的表达，也会通过各种各样的形式展现出反作用。首先，我们最应该记住的一点就是，那些释放出破坏性意念的人，他们的创造性想象力必然会遭受破坏，这对他们的损失是无可估量的。其次，那些心中怀有破坏性情绪的人，往往会去憎恨周围的其他人，把他们看成自己的对手。最后，那些喜欢释放消极思想的人，他们所传递出来的意念冲动不仅会对周围的其他人造成危害，也会在潜意识中埋藏下充满破坏力的种子，甚至成为主导潜意识的一部分。

如果你人生的目标是获得成功，那么就必须使自己的心态保持平衡。获得生活的物质需要，最终的目的就是要得到幸福。那么，幸福和成功的开始是什么呢？当然是那些好的意念冲动。

你是可以控制自己的意志的，有权力在自己的意志当中选择任何形式的意念冲动。这是你对自己身体的控制力，这是你所享有的独一无二的特权，你有责任用一种有建设性的方式来使用它。你能够控制自己的意志，你有能力控制自己的意志，那么你也就能够掌握自己的命运。那些能够影响你、指引你，最终让你控制自己的环境，是你自己创造的。当你创造自己人生的时候，你可能也忽视了自己所拥有的特权，把自己放在了一个接收任何东西，处在任何情况的海洋当中，那么面对这种情况，你就只能随波逐流。

第十九节 魔鬼的力量

六种基本恐惧是让人深受其害的邪恶力量,但是除了六种恐惧之外,我们需要堤防的东西还有很多。其中有一种力量就为失败的种子提供了生长的沃土,它隐藏得非常深,人们通查无法察觉它的存在,但是它所带来的痛苦是非常实在的,并且人们无法将这种痛苦归类于某种恐惧。和其他的恐惧相比,这种恐惧隐藏得更加深刻,也更加致命。我甚至无法为它取一个恰当的名字,暂且称呼它为"对消极影响的敏感性"。

那些拥有大量财富的人总是让自己避开这种邪恶的力量,而贫穷的人却很难做到这一点。在任何行业当中,想要获得成功的人都必须时刻准备着抵抗这种邪恶的力量。如果你是想要致富而阅读本书的,那么你就应该深刻地剖析自己,审判自己,看看自己是否特别容易受到消极情绪的影响。如果你忽视了自我解剖这一重要的步骤,那么你将会丧失实现欲望目标的权力。

自我剖析一定要做得非常彻底,自己为自己设定问题,然后思考自己的答案。这个过程一定要小心谨慎,就如同在寻找一个你已经知道了的敌人,不过这个敌人正埋伏着你,时刻准备向你发动攻击。

你可以很容易地躲开那些公路强盗的袭击,因为政府制定的法律和执法部门可以保证你的权益。但是,这种可怕的邪恶力量远比公路强盗更难控制,它能够在你毫无知觉的情况下对你造成打击，包括你熟睡的时候和你清醒的时候。另外，它还拥有很多无形的武器，因为它不存在实体，只是一种难以言喻的状态。这种邪恶的力量之所以如此危险，是因为它有多种多样的攻击手段。有时它甚至能够借助亲人善意的话语进入你的内心，而通过你自己进入内心简直就是小菜一碟。它就像毒药那样，随时随地可以对你发起致命一击。

第二十节　如何抵抗消极影响

消极的影响力是非常巨大的，并且有时来自其他人，有时来自自己，甚至周围的环境在某些情况下也会为你带来消极的影响。那么，如何抵抗消极的影响力呢？很简单，我们是拥有意志力的，只要能够经常使用自己的意志力，就能够在心中建造起一座围墙，将所有的消极情绪阻拦在外。

大部分人都一样，天性懒惰、冷漠，容易接受自己的缺点，容易接受糟糕的暗示。人类在天性上就比较容易受到六种基本恐惧的影响，但是我们要不断地对抗这些影响。消极的影响力经常会直接作用于人的潜意识，所以是非常难以察觉的。在它发作的时候，会让人们关上自己的心门，避免遭受任何来自外界的伤害。我们要想对抗消极影响，就必须马上行动起来。

请你开始清理你的药箱，丢掉那些药罐子，不要再去想感冒、疼痛、不舒服和其他想象当中的疾病了。要和那些能够影响你，并且能够让你独立思考、展开行动的人做朋友。

不要总是想着麻烦什么时候到来,因为你一开始想,它们就已经在去你家的路上了。

人类最大的弱点就是经常对其他人敞开心扉,不管是好的东西还是坏的东西全部接收。在接收的过程中,消极就会乘虚而入。这是一个非常致命的弱点,大部分人甚至到最后都没有感受到自己被伤害了,而那些能够感受到这一切的人,大多都忽略或者拒绝纠正这个问题。最终,消极成为人们生活当中不受控制的一部分。

为了那些希望看清自己的人,我准备了一份问卷。你需要阅读这些问题,然后大声地告诉自己答案是什么。让自己听到自己的声音,否则你怎么能够相信自己呢?

第二十一节 自我解剖问卷

(1)你经常抱怨不舒服码?如果是,那么原因是什么?

(2)你会因为小事而去指责他人吗?

(3)你的工作经常出错吗?如果是,为什么?

(4)你的语言尖酸刻薄吗?

(5)你是否故意避免和人交往?是的话,为什么?

(6)你经常消化不良吗?是的话,为什么?

(7)你是否觉得生活是非常无聊的,未来是没有希望的?

(8)你喜欢自己的工作吗?不喜欢的话,为什么?

(9)你经常自怨自艾吗?是的话,为什么?

(10)你妒忌那些比你更加优秀的人吗?

（11）你思考成功的时间更多还是失败的时间更多？

（12）随着年龄的增长，你的自信心是多了还是少了？

（13）你的某个亲人或者熟人让你感到担忧吗？是的话，为什么？

（14）你从你的错误当中吸取过经验教训吗？

（15）你是否会在某些时候心不在焉？是否又会陷入失意的深渊？

（16）谁是对你最有激励的人？为什么？

（17）你能容忍本来可以避免的消极影响吗？

（18）你是否不在乎个人的外表？如果是，那么是什么时候不在意？为什么？

（19）你是否学会了用忙碌来淹没困难，避免干扰？

（20）你是否忽视了内心的净化，导致你的性格暴躁不堪？

（21）如果让其他人代替你思考，你会觉得自己很没有骨气吗？

（22）有多少困扰其实是可以避免的？你又为什么容忍它们？

（23）你有借助酒精、药物或者是香烟入眠吗？如果有，为什么不依靠意志力？

（24）生活中有人对你喋喋不休吗？为什么？

（25）你的人生有明确的目标吗？有的话，你的计划是什么？

（26）你有六种基本恐惧中的一种或者几种吗？是哪些？

（27）你有抵抗其他人消极影响的办法吗？

（28）你有过故意用心理暗示来激发自己积极的心态吗？

（29）你最看重的是什么？是物质上的财富还是控制自己

意志的权力?

（30）你是否容易受到他人的影响，结果失去了自己的判断力?

（31）今天你有为你的知识储存或者是心态加入过任何东西吗?

（32）你能够客观面对让你不快乐的环境吗？还是会选择逃避?

（33）你是否会分析自己的错误和失败，从中获得利益，还是在失败后推卸责任?

（34）你能否说出自己三种最大的缺点，是否有办法弥补?

（35）你是否因为同情某人，让他将自己的忧虑传染给了你?

（36）你是否从日常经验中找到了一些对你有帮助的教训?

（37）你的表现给其他人带来了消极的影响吗?

（38）你最讨厌其他人的什么习惯?

（39）你是否有自己的主见？还是别人会影响你?

（40）你的工作能否让你充满信心和希望?

（41）你是否能够创造一种心态，用来抵抗让人消极的影响力?

（42）你是否有足够的精神力量让自己抵抗各种各样的恐惧?

（43）你的信仰能让你一直拥有积极的精神吗?

（44）你认为自己是否有责任分担其他人的忧虑?

第十五章 直击内心的六种恐惧

（45）如果你相信"物以类聚，人以群分"，那么你身边的朋友如何？

（46）你交往最密切的人和你是什么关系？这种关系是否造成过任何不愉快？

（47）你是否会因为你的朋友对你产生了消极的影响就认为他可能是你最大的敌人？

（48）你是怎样判断谁对你有害，谁对你有益的？

（49）一天24小时当中，你把多少时间用在工作上？睡眠呢？休闲娱乐呢？获得有用的知识呢？无所事事呢？

（50）你的朋友中，谁能够激励你，谁能够提醒你，谁又能够伤害你呢？

（51）你最担忧的事情是什么？你又为什么要容忍这件事情？

（52）当别人免费为你提供建议时，你是会接受还是会想想为什么？

（53）你最渴望的是什么？你打算获得吗？你愿意为了它而压抑其他的欲望吗？为了获得它，你每天要花费多少时间？

（54）你做事都能够有始有终吗？

（55）你经常改变自己的主意吗？为什么？

（56）你是否对其他人的头衔、学位和财富地位心生敬意？

（57）你很容易受到别人对你评价的影响吗？

（58）你是否会曲意逢迎那些享有社会或者财富地位的人？

（59）你认为现在世界上最伟大的人是谁？你和他的差距

是什么?

(60)你花了多少时间来回答这些问题?(全面分析和回答这些问题,至少要花上一整天的时间)

如果你已经确认自己如实回答了所有的问题,那么你已经比所有人都更加了解自己了。仔细地研究这些问题,每个星期都重复看一次,坚持几个月。只要你每次都能够真实地回答问题,那么你会发现,如此简单的方法会让你不断地加深对自己的认识。如果你对其中的一些问题不能给出肯定的回答,那么你就去询问那些了解你的人,或者是不会奉承你的人,从他们的视角来看待自己,这也是一种别样的体验。

第二十二节 你能绝对掌控的东西

在这个世界上,你能够掌控的东西并不多,其中唯一一样你能够绝对掌控的,就是你自己的意念。在人类已知的事项当中,这是最有意义和鼓舞力量的,它是人类享有特权的反映。这项特权是神圣的,是你能够控制自己命运的唯一途径。如果你不能控制好自己的意志,那么你也很难去控制其他任何东西。如果你一定要轻率地处理那些属于自己的东西,那么希望你所处理的只是你的物质财富。

你要认真地使用和呵护上天赐予你的财富,上天为了让你更好地完成这件事情,给了你强大的意志力。法律不会制裁那些用消极情绪毒害他人心灵的人,不管他的做法是故意的还是无意的。我认为,如果消极情绪完全破坏了人们获得财富的机会，那么这种行为应该受到法律的大力处罚。

那些有消极思想的人试图让爱迪生相信自己无法发明留声机，因为他们说："没有人创造过类似的机器。"爱迪生并不相信他们，他认为，人类可以创造任何他能够想象出来的东西。正是这种坚持和认识让他拥有了超过其他人的智慧。有消极思想的人告诉伍尔沃斯，如果他想要经营一家五分一角的零售店，那么肯定会破产。但是他没有相信这些人消极的话语，他拼命地努力，因为他知道自己的自信心能够让他拥有实现世界上一切事情的能力。最终他成了一个亿万富翁。福特在底特律的街道上实验他所制造的汽车雏形，那些心怀消极思想的人嘲笑他，否认他，怀疑他。他们告诉福特，没有人会买这玩意儿，因为它一点儿都不实用。结果福特造出了实用的汽车，他凭借着控制自己的意志成功了。

控制自己的意志是自律和习惯的结果，如果你不控制自己的意志，那么你的意志就会控制你，这是一个没有妥协的交锋。控制意志最为实际的方法是让意志忙碌下去，让它为了自己的既定目标而不断地忙碌，不断地实施计划。研究那些成功人士的记录，你就会发现，他们绝对掌控了自己的意志，他们还使用这种控制力将自己的意志完全引向目标。没有控制力，他们是不会取得成功的。

第二十三节　55 种人们常用的借口

成功的人有一个共同点，失败的人同样也有。失败的人明白自己失败的原因，但是他们却会使用种种他们看来无懈可击的借口来为自己的失败辩护。有些借口非常聪明，甚至是以现实为依据的。但是这些借口不能让你获得成功，更不能当成钱来用。其他人不在乎你是怎么失败的，他们只想知道你到底成功了没有。

一位个性分析专家整理了一份人们最常使用的借口，在你看这份清单的时候，不妨反省一下自己，看看自己用过多少。当然，本书当中所提供的哲学将让你所有的借口都没有用武之地。

（1）假如我没有成家。

（2）假如我有足够的能力。

（3）假如我有钱。

（4）假如我受过良好的教育。

（5）假如我能找到工作。

（6）假如我身体健康。

（7）假如我有时间。

（8）假如赶上好时代。

（9）假如别人能理解我。

（10）假如周围的情况不是这样。

（11）假如能重活一遍。

（12）假如我不在乎"他们"怎么说。

（13）假如过去我能有机会。

（14）假如现在我能有机会。

（15）假如他人没有对我"怀恨在心"。

（16）假如没有什么能阻碍我。

（17）假如我能更年轻。

（18）假如我可以做自己想做的事。

（19）假如我生来富有。

（20）假如我能遇到"贵人"。

（21）假如我具有别人的才能。

（22）假如我敢维护自己的权利。

（23）假如我抓住了过去的机会。

（24）假如没有人刺激我。

（25）假如我不用料理家务、照顾孩子。

（26）假如我可以存点儿钱。

（27）假如老板赏识我。

（28）假如有人能帮我。

（29）假如家人理解我。

（30）假如我住在大都市。

（31）假如我现在就能开始。

（32）假如我有时间。

（33）假如我有某人的个性。

（34）假如我不这么胖。

（35）假如别人知道我的才能。

（36）假如我有"运气"。

（37）假如我能摆脱债务。

（38）假如我没有失败。

（39）假如我知道怎么做。

（40）假如没有人反对我。

（41）假如我没有这么多烦恼。

（42）假如我嫁（娶）对人。

（43）假如人们不这么笨。

（44）假如家人不这么奢侈。

（45）假如我对自己有信心。

（46）假如我不是时运不济。

（47）假如我不是生来命运不佳。

（48）假如事情该怎样就怎样。

（49）假如我不用这么辛苦地工作。

（50）假如我没有损失钱财。

（51）假如我住在另一个社区。

（52）假如我没有"过去"。

（53）假如我有自己的事业。

（54）假如他人肯听我说。

（55）假如……

最后一条是所有假如中最重要的一个。

假如我有勇气面对自我，那么就能够找到自己的毛病，并且改正。那么我可能就有机会从我犯下的错误当中获得好处，从其他人的经验当中获得一些教训，因为我知道我也存在着同样的问题。假如我能够多花一点儿时间分析自己的缺点，少花费时间来掩饰自己的缺点，那么我的人生可能早就到达了自己理想的境界了。

不断地寻找借口，为失败辩护，每个人都为这件事情乐此不疲。这是一个从人们有意识开始就已经养成了的习惯，但是这个习惯对于成功来说毫无益处。人们为什么要使用种种借口呢？很简单，他们守护自己的借口，使用这些借口，

第十五章 直击内心的六种恐惧

因为这些借口就是他们创造的。一个人的借口就是他想象力的产物,保护自己想象力的产物就如同保护自己的孩子一样,是一种与生俱来的本能。

编造借口是一个根深蒂固的习惯,这种习惯很难被根除,特别是它们可以为我们的行为进行辩护。"最大的胜利就是战胜自我,被自我征服是最耻辱、最无可救药的事情。"这番话出自柏拉图,相信他在说出这番话的时候已经明白了这个道理。另一位哲学家有着和柏拉图类似的看法,他说:"我在别人身上看到的大部分丑恶,居然都是我本性的反射,但这让我非常惊讶。"

艾伯特·哈珀德说:"不管我怎么思索也找不到答案,人们为什么要花费大量的时间来编造借口,来掩饰自己的缺点,而被骗的人只有自己。如果能够将这些时间用在别的地方,那么这么多的时间已经足够用来克服弱点了。这样的话,借口也就没有存在的必要了。"

在本书结束之前,我要提醒你:"生命就像一盘棋,你的对手就是时间。如果你经常举棋不定,或者是你在下棋的时候非常懒散,那么你的棋子就会被时间一个个地吃掉。时间作为你的对手,是绝对不会容忍你的犹豫不决的。"

过去的你可能为自己找过大量的借口,并且你认为这些借口是合理的。但是,现在这些借口已经变得毫无价值,因为你已经找到了那把钥匙,那把打开人生财富大门的钥匙。这把钥匙是无形的,但是它的力量之强大毋庸置疑。它是你心中创造强烈欲望,让你获得财富的权力。使用这把钥匙不需要任何代价,不会受到惩罚;只有不使用这把钥匙的人,

才会得到失败的惩罚。如果你使用这把钥匙,那么你肯定会得到惊人的回报。这个回报是满足感,用来满足那些征服自我,勇于向生活索要应得的报酬的人。这种报酬,值得你为之不停地努力。

不朽的爱默生曾经说过:"如果有缘,我们就会再次相遇。"在这里,我借用他的思想:"如果有缘,凭借着你手中的这本书,我们已经相遇了。"